adrián paenza

matemática... ¿estás ahí?

episodio 100

siglo veintiuno editores

grupo editorial
siglo veintiuno

siglo xxi editores, méxico
CERRO DEL AGUA 248, ROMERO DE TERREROS
04310 MÉXICO, D.F.
www.sigloxxieditores.com.mx

siglo xxi editores, argentina
GUATEMALA 4824, C1425BUP
BUENOS AIRES, ARGENTINA
www.sigloxxieditores.com.ar

salto de página
ALMAGRO 38
28010 MADRID, ESPAÑA
www.saltodepagina.com

biblioteca nueva
ALMAGRO 38
28010 MADRID, ESPAÑA
www.bibliotecanueva.es

anthropos
C/LEPANT 241
08013 BARCELONA, ESPAÑA
www.anthropos-editorial.com

Paenza, Adrián
Matemática... ¿estás ahí? Episodio 100.- 1ª ed. 3ª reimpr.- Buenos Aires: Siglo Veintiuno Editores, 2014.
256 p..; 19x14 cm.- (Ciencia que ladra... // dirigida por Diego Golombek)

ISBN 978-987-629-065-4

1. Matemática. I. Título
CDD 510

Diseño de portada: Claudio Puglia

Ilustraciones de interior: Natalia de Titto Deleis

ISBN 978-987-629-065-4

Impreso en Gráfica Shincal // Chile 685, Avellaneda,
en el mes de noviembre de 2014

Hecho el depósito que marca la ley 11.723
Impreso en Argentina // Made in Argentina

colección
ciencia que ladra...

Dirigida por Diego Golombek

Índice

Este libro (y esta colección)

Bienvenidos al Episodio 100 de *Matemática... ¿estás ahí?* No, no nos equivocamos de número: éste es el cuarto tomo de las aventuras de Adrián Paenza en el país de la matemática. Algunos lectores recordarán que Adrián nos enseñó, en otro de los libros de esta serie, que el número 4 en sistema binario... se escribe "100", por lo que comenzamos con la resolución de problemas desde el título mismo (aunque, para ser coherentes, deberíamos pedirles que piensen ustedes solos en la respuesta, antes de dársela...).

Es que justamente en los problemas está gran parte de la magia de la matemática. Se dice que todo comenzó cuando un escriba babilonio decidió utilizar problemas para enseñar aritmética, y así inició una lección diciendo: "Encontré una piedra pero no la pesé", un buen punto de partida para un típico problema de nuestro querido escriba Paenza.

A lo largo de estos libros, Adrián nos ayuda a comprender la matemática como una manera de pensar el mundo, y también como un hermoso lenguaje para ponernos de acuerdo acerca de qué queremos decir y cómo. Es que el lenguaje es una forma de comunicación, como la poesía, la música o, claro, la matemática. Y en estos libros tenemos un comunicador de lujo, que pone en práctica aquello de que la mejor manera de aprender es compartir lo que se sabe.

En este libro recorreremos nuevos problemas, trucos, reflexiones, números y curiosidades sacados del baúl de Adrián, que afortunadamente no se acaba nunca.

¡Hasta el episodio 101, entonces!

Esta colección de divulgación científica está escrita por científicos que creen que ya es hora de asomar la cabeza fuera del laboratorio y contar las maravillas, grandezas y miserias de la profesión. Porque de eso se trata: de contar, de compartir un saber que, si sigue encerrado, puede volverse inútil.

Ciencia que ladra... no muerde, sólo da señales de que cabalga.

DIEGO GOLOMBEK

Agradecimientos

A Diego Golombek, director de esta colección; a Carlos Díaz, director editorial de Siglo XXI, y a Claudio Martínez, el productor de *todos* los programas de televisión en los que trabajo. Estos tres amigos son los responsables de que la colección exista, tan simple como eso. Ellos son los motores de este proyecto. Los tres me tienen una confianza que supera mi capacidad de asombro y, además, se ocupan de impulsar y estimular toda tarea profesional que yo emprenda. Y lo hacen siempre con una sonrisa. Su aporte no tiene precio: para mí es impagable.

A Carlos D'Andrea, Gerardo Garbulsky, Juan Sabia, Alicia Dickenstein, Eduardo Cattani, Rodrigo Laje y Emanuel "Manu" Ginóbili, porque se ocuparon en forma *puntillosa* de corregir el manuscrito. Me gustaría que quien lea este libro sepa que, antes de su publicación, todos ellos lo leyeron, lo criticaron, lo hicieron pasar por diferentes tamices, lo discutieron conmigo, me sugirieron corregir y modificar muchísimos párrafos, pusieron en duda varias de mis afirmaciones y, sobre todo, lo hicieron por el simple gusto de que saliera bien. No tengo manera de agradecérselo más que ésta y por eso lo hago así: con la boca llena. Gracias.

A todos los que me aportaron ideas, en particular a Carlos D'Andrea, Pablo Coll, Pablo Milrud, Juan Sabia, Alicia Dickenstein, Cristian Czubara, Pablo Amster, Gerardo Garbulsky, Matías Graña, Teresita Krick, Ariel Arbiser, Leonard Echagüe, Juan Carlos Pedraza, Diego Vaggione, Carmen Sessa y Eduardo Cattani.

A Tristán Bauer, por la increíble generosidad que tiene conmigo. Tristán me hace sentir *siempre* bien. Y es lindo sentirse bien. Tristán lo logra conmigo cada vez que nos vemos.

A Ernesto Tiffenberg, porque fue el primero que me propuso escribir columnas "de matemática" en un diario nacional, *Página/12*. Si bien fue un salto al vacío, él me dijo que saltaba conmigo. Y por ahora vamos bien, creo.

A mis amigos Woody González, Ariel Hassan, María Marta García Scarano, Pablo Coll y Pablo Milrud, porque llevaron a la televisión una buena parte de los libros y lo hicieron con una pasión e idoneidad asombrosas. Y además me abrigan diariamente con su afecto.

A quienes despertaron mi pasión por la matemática: Miguel Herrera, Enzo Gentile, Luis Santaló, Ángel Larotonda, Néstor Búcari, Eduardo Dubuc, Oscar Bruno, Juan Sabia, Jorge Fiora, Ricardo Noriega, Ricardo Durán, Pablo Calderón, Leandro Caniglia, Baldomero Rubio Segovia, Alicia Dickenstein y Carmen Sessa.

A Ernesto Tenembaum, Marcelo Zlotogwiazda y Guillermo Alfieri, por el cariño y el respeto con que me tratan siempre.

A *toda la comunidad matemática*, que tolera mis errores y me aporta ideas con entusiasmo. Cualquier crédito que merezcan estos textos se le debe a ella también.

Una vez más, *a todos los comunicadores* de los distintos medios que promovieron y promueven esta serie y cooperan para que la matemática tenga ahora una difusión y una promoción como nunca tuvo antes.

A mis compañeros de la editorial Siglo XXI, de El Oso Producciones, de Canal 7, del Canal Encuentro, de La Brújula, de los estudios Non-Stop y de *Página/12*, por el afecto con el que me acarician. Todos, sin excepción.

A Violeta Collado, Juliana Cedro y Héctor Ángel Benedetti, por lo que hacen por mí dentro y fuera de la editorial.

Y como siempre, para el final quiero dejar a aquellas personas que por su postura ética en la vida marcan un camino distinto. Conocerlos, tratarlos y tenerlos como amigos me hace una mejor persona: Marcelo Bielsa, Nelson Castro, Alberto Kornblihtt, Víctor Hugo Morales y Horacio Verbitsky.

A Fruma y Ernesto, mis padres. Mi gratitud eterna.
A mi hermana Laura y a mi cuñado, Daniel.
A todos mis sobrinos: Paula, Lorena, Máximo, Alejandro, Ignacio, Brenda, Miguelito, Viviana, Sabina, María Soledad, María José, Gabriel, Mía, Valentín, Lucas, Max, Amanda, Whitney, Jason, Chad, Meagan y Jonathan.
A Carlos Griguol, mi amigo del alma.
A mis amigos Miguel Davidson, Leonardo Peskin, Miguel Ángel Fernández, Héctor Maguregui, Cristian Czúbara, Lawrence Kreiter, Eric Perle, Kevin Bryson, Gary Crotts, Dennis Fugh, Alejandro Fabbri, Víctor Marchesini, Luis Bonini, Fernando Pacini, Gerardo Garbulsky, Marcos Salt, Santiago Segurola, Carlos Aimar, Marcelo Araujo, Diego Goldberg, Julio Bruetman, Ariel Hassan, Woody González, Eduardo Bertoni, Antonio Laregina y Claudio Pustelnik.
A mis amigas Ana María D'Alessio, Nilda Rozenfeld, Teresa Reinés, Beatriz de Nava, Beatriz Suárez, Nora Bernárdez, Carina Marchesini, Laura Bracalenti, Etel Novacovsky, Marisa Giménez, Norma Galletti, Alicia Dickenstein, Carmen Sessa, Carina Maguregui, Marcela Smetanka, Mónica Muller, Erica Kreiter, Susy Goldberg, Holly Perle, Andrea Guinzburg y Marisa Pombo.
A la memoria de mis seres queridos, aquellos que perdí en el camino: Guido Peskin; mis tías Delia, Elena, Miriam y Elenita; mi primo Ricardo, mi amiga Lola Bryson, y a la de mis entrañables compañeros de vida: Noemí Cuño, León Najnudel y Manny Kreiter. Y a la memoria, también, de Jorge Guinzburg.

Acerca del autor

Adrián Paenza **cql@sigloxxieditores.com.ar**

Nació en Buenos Aires en 1949. Es doctor en Matemáticas por la Universidad de Buenos Aires, donde se desempeña actualmente como profesor asociado del Departamento de Matemática de la Facultad de Ciencias Exactas y Naturales. Es, además, periodista. En la actualidad conduce los ciclos *Científicos Industria Argentina* –que ya está en su sexta temporada y ha recibido el Martín Fierro al mejor programa periodístico en diversas ocasiones–, *Alterados por Pi*, *Explora* y *Laboratorio de Ideas*. Trabajó en las radios más importantes y en los cinco canales de aire de la Argentina. Fue redactor especial de varias revistas y colaborador en tres diarios nacionales: *Clarín*, *Página/12* y *La Nación*. Actualmente es columnista especial de *Página/12*. Publicó en esta misma colección los tres tomos iniciales de la serie *Matemática... ¿estás ahí?*, que han sido un éxito de ventas en la Argentina, en otros países de Latinoamérica y también en Alemania y España, donde se han editado los dos primeros episodios. Asimismo, sus libros han sido publicados (o lo serán próximamente) en Rusia, Italia, República Checa, Brasil y Portugal. En 2007 recibió el premio Konex de platino en el rubro “Divulgación científica”.

Prólogo

Quiero compartir con los lectores un par de historias que viví hace un tiempo, en abril de 2007. A los efectos de proteger las identidades de los involucrados, el relato tendrá distorsiones y modificaciones de forma, pero la sustancia de lo que pasó quedará intacta. Acá va.

Una pareja de amigos envía a sus dos hijos (una nena y un varón) a un colegio primario. Durante una cena, me contaron que las autoridades de la escuela me habían extendido una invitación para dar una charla a *todos* los chicos que concurrían al establecimiento. Inmediatamente dije que –en general– no estaba acostumbrado a hablar con niños tan pequeños, y que mis charlas estaban más bien dirigidas a gente adulta o a universitarios. Por esa razón, les comenté que prefería declinar el ofrecimiento. Mi respuesta no pareció amilanarlos. Volvieron a la carga diciéndome que sería un lindo desafío para mí, que me serviría para aprender y que, si nunca lo había hecho, me permitiría prepararme mejor para mi actividad cotidiana. Ese argumento me convenció. Y por eso decidí ir.

Por supuesto, a medida que se acercaba el día, se incrementaba mi preocupación. Había pensado ya de qué hablaría y qué problemas plantearía pero, al no conocer las potenciales reacciones del auditorio, me parecía que se trataba de un camino nuevo, en el que había mucho por hacer y por descubrir. En general, no me gusta dar conferencias en las que una persona (yo, en este caso) habla y el auditorio escucha. Prefiero (y necesito) la interacción. De ahí el desafío.

Me decidí entonces a llevar algunos problemas de los primeros libros con la idea de motivarlos a pensar, a discutir y, además, para *sorprenderlos*. Elegí estos tres:

a) El problema de los cinco números (p. 46 del Episodio 1 de *Matemática... ¿estás ahí?*).
b) El problema de los tres interruptores (p. 155 del mismo libro).
c) Las cuatro mujeres y el puente (p. 27 del Episodio 3).

Por supuesto, cuando llegó el día yo también fui dispuesto a sorprenderme con lo que pasaría. Sería una nueva experiencia.

Llegué y la directora de la escuela me estaba esperando. Mis amigos me presentaron al resto de las autoridades, quienes me invitaron a tomar un café. Como había llegado justo sobre la hora, pregunté dónde estaban los chicos, y me dijeron que ya estaban reunidos en el gimnasio, esperándome. Renuncié al café y les pedí que fuéramos hacia allí. La directora quería hablarme en su despacho privado, pero entendió que no me sintiera cómodo si llegaba tarde. En todo caso, hablaríamos después. Eso fue lo que me dijo.

En el gimnasio habría unos cuatrocientos chicos (o más) sentados en el piso de baldosas. Había un pizarrón negro, tizas y borrador. Era todo lo que había pedido. Por supuesto, los chicos estaban contentos, pero por razones (quizá) diferentes de las que usted se imagina. Mi presencia les garantizaba tener una historia para contar en sus casas. Estarían con alguien de "la tele". Pero lo más importante era que no tendrían clases durante casi dos horas. Y ése es el mejor regalo que se le puede hacer a un niño cuando está en el colegio... Me habían preparado un estrado, e incluso tenía un micrófono, que no usé. Todas las autoridades del colegio, más los docentes y no docentes, estaban en el gimnasio. Era hora de empezar.

Les propuse entonces resolver primero el problema de los cinco números. Sabía que eso los sorprendería (de entrada, al menos) y nos tendría a todos entretenidos discutiendo cómo se hacía. Y así fue: sirvió para generar inmediatamente un clima distendido, cálido, de "ida y vuelta". El hielo estaba roto y tanto ellos como yo nos encontrábamos mucho más cómodos.

Por supuesto, la sorpresa de la solución y la alternativa de ver cómo la matemática puede proveer un poco de magia ayudaron también a desinflar la preocupación que podría haberse generado frente a alguien que viene a hablar... *¡de matemática!*

Además, al resolver juntos el ejemplo de la suma de los cinco números, les había entregado una herramienta que ellos podrían usar para sorprender a su vez a sus padres, hermanos y amigos. Es que uno siente que, por un rato, tiene el poder de leer la mente del interlocutor. Es impactante. Hasta allí, todo bien.

Cuando quise proponer el problema de los tres interruptores, el griterío me sorprendió (a mí, esta vez) porque ya lo habían hecho en clase. Era fácil mirar las caras y advertir que ellos sabían de qué se trataba. Ya lo habían pensado, ya sabían cómo se resolvía. Allí no habría más nada que hacer. De paso, fue una caricia en el corazón. Es que, póngase en mi lugar: los chicos habían resuelto *en clase* uno de los problemas de uno de *mis* libros. ¿A qué más puedo aspirar?

Sigo. Planteé entonces el problema de las cuatro mujeres que tienen que cruzar un puente. Pueden cruzar a lo sumo dos por vez y tienen una sola linterna (p. 27, Episodio 3). Cada una de ellas tarda un tiempo diferente (1, 2, 5 y 10 minutos respectivamente) y, justamente, se trata de encontrar el tiempo *mínimo* en que lo pueden hacer. Yo sabía (al menos eso creía) que ese problema iba a ser novedoso para ellos, porque todavía no lo había publicado, y si bien anda dando vueltas en la literatura de la matemática recreativa desde hace tiempo, era difícil que la mayoría lo hubiera resuelto.

Y así fue. Lo planteé con cuidado. Les dije que era un desafío para ellos y también para mí. Expliqué con detalle cuál era el objetivo, qué había que lograr. En el gimnasio sólo se podía escuchar el silencio. Estaban todos atentos y expectantes. Les dije que era un problema que aparecería en el siguiente libro y que todavía no había hablado nunca de él públicamente, ni en televisión ni en ninguna parte. Y además les dije que era una prueba para mí, porque estaba convencido de que entre todos lo íbamos a resolver.

La expresión de las caras era impagable. Alguien intentó hablar mientras yo explicaba el problema, y los propios compañeritos lo hicieron callar. Y listo. Ahora era el turno de empezar a conjeturar y a elaborar una estrategia.

Y comenzó una suerte de "candombe". Primero, entre ellos. Algunos querían explicar su potencial solución apurados, tratando de ganarles a los demás. Como precisamente la idea era empezar a probar con las distintas posibilidades para hacer cruzar a las mujeres y luego volver con la linterna, el camino estaba preparado para que todos pudieran pensar y participar. Y así fue. Los chicos comenzaron a llamar mi atención para darme sus soluciones. Mi propósito era intentar que todos nos escucháramos a medida que íbamos hablando y que participara la mayoría.

Como usted se imaginará, no era una charla ordenada, ni yo tampoco pretendía que lo fuera. Los gritos empezaron a aumentar. Cada respuesta fallida invitaba a que otros, más callados o retraídos, se prendieran también.

Cada uno (o cada grupo, porque se fueron armando grupos por afinidades de grado o de amistad) creía que *su* solución era *la* solución. Y las íbamos (entre todos) descartando una tras otra. En realidad, a esa altura ya les había dicho que se podía hacer cruzar a las cuatro mujeres en 17 minutos. Pero todavía no podíamos explicar cómo se lograba eso. Me creían, claro, pero empezaron a dudar.

Gritos, manos levantadas, pedidos… casi súplicas para que yo escuchara lo que tenían para decirme… Era, en suma, una verdadera fiesta hasta que en un momento determinado uno de los chicos que tenía a mi derecha silbó o, mejor dicho, chifló. Fuerte. Obviamente, llamó mi atención; me di vuelta y le pedí que esperara, que cuando su compañera terminara de hablar, lo escucharía a él también.

De pronto vi que la directora de la escuela subía al escenario. Se me acercó: quería hablar, quería reprender al alumno. No bien advertí la situación y antes de que ella pudiera decir nada, le pedí por favor que bajara de la tarima. Ella insistía. Yo también. Le pedí, en tono respetuoso –pero firme–, que se retirara. Lo hizo. Se fue al lugar desde donde había seguido la charla. Sin embargo yo sabía que cuando terminara la sesión tendría que hablar con ella.

Pero la cosa no termina acá, ni siquiera es ésta la parte más importante de la historia que quiero contar. Los chicos seguían en el intento (hasta entonces fallido) de encontrar la solución.

Escuché en un momento una suerte de revuelo. Un pequeño grupo (de unos cinco) invitaba a una nena para que levantara la mano. Ella se resistía y prefería mantener su perfil bajo. Sus amigos la conminaban a que lo hiciera y me pedían que la "dejara" contarme *su* solución. Obviamente, lo hice.

La nena, que no era de los mayores entre quienes estaban reunidos allí, se paró y contó la solución. Y esta vez sí, la estrategia *era* la correcta. Había logrado establecer una forma de hacer cruzar a las mujeres de manera tal que todas alcanzaran la otra orilla en 17 minutos. Y sin violar las reglas.

El resto del gimnasio estaba en silencio. Cuando terminó de exponer su solución, surgió un aplauso de todo el colegio. Y una suerte de ovación. Es que *uno de ellos* "había podido" con el problema. La aplaudieron, la vivaron, la abrigaron con su cariño.

Cuando nos tranquilizamos, quise reflexionar con ellos sobre algo que me parecía importante. Y planteé un par de preguntas para analizar.

a) ¿Era ella una mejor persona porque había llegado a la solución un poco *antes* que los demás? ¿Era acaso mejor que los otros que estaban allí?
b) Si cada uno de los presentes en el gimnasio se llevaba el problema a su casa y lo pensaba un rato con tiempo, ¿sentía que lo podría resolver? ¿O era algo que escapaba totalmente a sus posibilidades? Dicho de otra forma, ¿era un problema imposible de resolver?

La charla fue enriquecedora para mí. Por supuesto, guiados por mis preguntas tendenciosas, entre todos concluimos que ella no era –ni es– una mejor persona por haber contestado antes. Sólo alguien que encontró una solución correcta. Nada más. Nadie allí debía sentirse avergonzado por no haber dado con la respuesta. Y quise hacer hincapié también en lo que habíamos disfrutado en el camino. Si yo les hubiera contado la solución de entrada, ¿de qué habría servido?

Pensé que ese momento que estaba viviendo era muy importante para mí también. Me fue muy útil para poder enviar un mensaje. Las personas no somos ni mejores ni peores porque resolvemos un problema, ni de matemática ni de nada. Y esa *competencia* para saber quién llega primero, en una clase, es *uno de los problemas más graves de la educación.* Establece rivalidades estériles que sólo contribuyen a frustrar y no a integrar. Dividen en lugar de unir.

Luego abordamos el segundo punto. Todos comprendieron que era cuestión de probar una estrategia. Si hubieran tenido más tiempo, es muy probable que en sus casas, intentando con más casos posibles, habrían llegado a la solución. Lo que hice fue ayudarlos a pensar que, como había una cantidad *finita* de posibles combinaciones, era cuestión de sentarse y, con paciencia, probar y probar hasta encontrar la solución ideal.

Poco después terminamos la charla. Yo sabía que la directora me estaba esperando y estaba preparado para ella. Sin embargo, como los chicos se abalanzaron hacia el "escenario" tratando de conseguir un autógrafo o una foto, les propuse que se ordenaran en una fila y yo me ocuparía de firmarles a todos. No me iría hasta no cumplir con el último. Y todavía me quedaba hablar con la directora… que, pacientemente, se había ubicado a mi izquierda y charlaba con mis amigos.

Mientras estaba firmando, se acercó un maestro y me alcanzó un libro para que se lo autografiara. Yo estaba sentado en una silla, y cuando vi el libro que me traían desde el costado, levanté la vista para saber qué sucedía. El maestro me preguntó si se lo podía firmar, y le dije que no, porque había un grupo de chicos que estaban delante de él. En todo caso, él no estaba en la cola. Me dijo que comprendía, pero que me lo pedía porque tenía que volver a dar su clase y no podía quedarse a esperar. En ese caso, el que comprendió fui yo, y por supuesto, luego de escuchar su argumento, firmé el libro que me había alcanzado.

La cola era muy larga, y había muchísimos chicos que no sólo no tenían un libro para que les firmara, sino que venían con un papel recortado, una carpeta, una camiseta... Incluso, uno de ellos se acercó y me pidió que le firmara ¡una de sus uñas! A ese niño le dije que no. Estaba dispuesto a firmar casi sobre cualquier cosa, pero no sobre una uña.

Ya faltaba poco. Y aún me quedaba conversar con la directora.

Cuando terminé, en un salón virtualmente vacío, veo a mis amigos conversando con la directora, pero también –para mi estupor– al maestro que me había acercado el libro. Fui al encuentro de todos ellos, y antes de que la directora me pudiera hablar (ya me había tomado de un brazo), le pregunté al maestro qué hacía allí.

Me miró como sorprendido, y entonces insistí:

> —¿No me había dicho usted que quería que le firmara porque tenía que dar clase?
> —Sí —me dijo—. Es que si no hacía así, usted no me lo iba a firmar.
> Yo sentí que me había traicionado, y se lo dije:
> —Vea, usted no sólo me mintió, sino que vulneró la cola que se había hecho, se adelantó a todos, y después me engañó cuando le pregunté por qué debería firmarle a usted y no a los chicos que estaban antes. Peor aún: los chicos están tan acostumbrados a que esto pase, a que este abuso de autoridad sea moneda tan corriente en sus vidas de niños, que ni siquiera protestaron al ver que sus derechos eran vulnerados.
> Y terminé:
> —A mí no me gustaría ser alumno suyo, porque si usted fue capaz de comportarse así conmigo, sobre quien no

> tiene poder, no quiero imaginar lo que será en su vida cotidiana en relación con aquellos sobre los que sí ejerce poder... porque entonces está en condiciones ya no sólo de "usarlo" sino de "abusar" de él.

Mis amigos y la directora escuchaban atónitos el intercambio. El maestro estaba rojo como un tomate. Me estiró la mano (que estreché) y se fue.

Y yo sabía que todavía me quedaba conversar con la directora... Ya no me escaparía. Mis amigos caminaban adelante, como mostrándome la salida pero, al mismo tiempo, me dejaban el espacio suficiente para que la directora pudiera ventilar su frustración. Y así fue.

Mientras me llevaba del brazo hacia la puerta, y convencida de que ya no habría café en privado, me dijo dos cosas. La primera, que quería que volviera al colegio para dar una charla, esta vez para los docentes y no para los alumnos. Y la segunda (la más importante) es la que trataré de transcribir en este intercambio:

> —¿Se dio cuenta usted de que me desautorizó delante de todos los alumnos de la escuela?
>
> —No —contesté yo—. En realidad, lo que hice fue reaccionar frente a su acción. Usted me invitó a su casa para que hablara con sus alumnos, cosa que yo estaba haciendo. Y usted, en un momento determinado, violó el espacio que me había concedido y se subió a la tarima.
>
> —Tiene razón —me retrucó—. Pero, ¿sabe por qué? ¿Se dio cuenta de lo que había hecho ese alumno?
>
> —¿Qué hizo? —pregunté, conociendo la respuesta.
>
> —¡Chifló!... Mejor dicho, ¡le chifló! ¿Me comprende? Yo no puedo permitir eso en la escuela.
>
> —Sí, la entiendo —insistí—, pero permítame preguntarle algo: ¿sabe por qué me chifló? ¿Sabe por qué quería llamar mi atención? Es que este joven quería

> que lo mirara para poder darme la respuesta a un problema de matemática. ¿Acaso las clases de matemática acá, en esta escuela, son siempre así? ¿Con los chicos que saltan y gritan tratando de contar su solución? Entiendo que usted quiera conservar la disciplina y no lo discuto, pero, haciendo una evaluación, ¿qué era más importante en ese momento: reprender o tolerar? ¿No podía usted, en todo caso, esperar a que terminara todo y luego conversar con él? Además, ¿era prioritario para usted ponerlo en evidencia a él delante de todos?

Nos miramos y ambos comprendimos que de algún modo los dos habíamos aprendido algo. Y ésa es la moraleja de todo este cuento. Los niños van al colegio. Se educan, claro. Y también aprenden a coexistir en sociedad. Aprenden a frustrarse y a entender que no lo pueden todo. Casi como cuando tienen un hermanito. Hay límites. Y cuesta aprenderlos.

Pero, al mismo tiempo, hay que tener mucho cuidado con la manera en la que usamos nosotros, los adultos, ese poder. La línea que divide el *uso* del *abuso* suele ser muy borrosa. Y es siempre preferible pecar por defecto.

El abuso del maestro que pasó a todos por encima no es grave por el hecho de que me haya engañado a mí... sino porque los jóvenes ni siquiera lo entienden como una violación a sus derechos.

Y por otro lado, anteponer una cuestión disciplinaria o de protocolo –en un momento que parecía un festival o una fiesta en una clase o una charla de matemática– es tener poco sentido común.

Mientras escribo todo esto me pregunto: ¿tendré razón? ¿Será tan así? En todo caso, la experiencia me hizo reflexionar y cuestionarme cosas. ¿A usted?

Hacer matemática

Miedo a la matemática[1]

Miedo. Eso es lo que tiene un alumno cuando empieza una clase de matemática. Tiene miedo porque de antemano la sociedad lo prepara para que *no entienda*. Le advierte de todas las maneras posibles que es un tema *difícil*. Peor aún: lo condiciona de tal forma que lo induce a creer que él no será capaz de hacer nada con la matemática, porque no pudieron sus padres, no pudieron sus hermanos, no pudieron sus amigos, no pudieron sus abuelos... En definitiva: *nadie pudo*.

Dígame si esas condiciones (ciertamente exageradas adrede) no predisponen a una persona a tener miedo... Así, sólo los *valientes* resistirán.

Pero no sólo le tienen miedo a la matemática los alumnos. También los padres, familiares y amigos. Y, por último, también los docentes. Quizá no lo exhiban, o quizá lo puedan encubrir, porque en definitiva *el docente tiene el control*. El docente *tiene el poder*.

Él decide qué se estudia, desde dónde y hasta dónde. Decide cuáles son los problemas que prepara y enseña. Y decide cuáles son los problemas que los alumnos tienen que resolver, en la clase, en el pizarrón, en la casa y en una prueba. El docente tiene, en algún sentido, la sartén por el mango.

1 Este texto es parte de una charla dictada en un congreso dedicado a docentes de matemática en el marco de la Feria del Libro en 2008.

Pero aun así, creo que también tiene miedo. Quizá no tanto frente a los alumnos porque, en todo caso, siempre tendrá la posibilidad de decidir qué contestar y qué no. Pero el docente, internamente, sabe que lo que no necesariamente podría contestar es:

a) Para qué enseña lo que enseña.
b) Por qué enseña lo que enseña y no otra cosa.
c) Qué tipo de problemas resuelve.

Un docente, por lo general, tiene la tentación de contar una teoría. La teoría aparenta ser muy buena porque *parece* (dije *parece*) que trae respuestas. Pero el problema que tienen estas teorías es que suelen resolver problemas que los alumnos no tienen. Peor aún: suelen dar respuestas a preguntas que los alumnos no se hicieron, ni le hicieron a nadie. Y mucho, mucho peor aún: esas mismas teorías suelen dar respuestas a preguntas que ni siquiera los docentes se formularon fuera de la clase.

Ahora, una pausa. Yo sé que es exagerado lo que escribí. Sé que no se ajusta a la realidad en forma impecable, pero... ¿se animaría usted a decir que estoy totalmente alejado de lo que sucede en la vida cotidiana?

En primer término, más allá de consideraciones mías, subjetivas y tendenciosas, basta hacer un relevamiento en la sociedad para descubrir que el miedo a la matemática es masivo, extendido y universal. Es independiente de la condición social, la escuela, el colegio, la raza, el poder adquisitivo, el credo o el lugar geográfico.

En pocas palabras: ¡la matemática parece inabordable! Es una suerte de peste que está ahí, que es tangible, que obliga a estudiar que los ángulos opuestos por el vértice son iguales y que el cuadrado de la hipotenusa (no en todos los casos, pero sí en todo triángulo rectángulo) es igual a la suma de los cuadrados de los catetos. O ilustra sobre los distintos casos de factoreo y el "trinomio cubo perfecto". Pero lo que ESA matemática *no* dice es ¡para qué sirve saber cada una de esas verdades!

No lo quiero plantear sólo en términos prácticos o mercenarios. No es que tenga que servir para algo en particular. En todo caso, la música y/o el arte tampoco se practican con un propósito utilitario. Pero la matemática, tal como se enseña, no lo admite explícitamente. Se presenta como un saber imprescindible si uno quiere que le vaya bien en la vida. Pero lo curioso es que uno casi nunca encuentra una persona que muestre cuánto ha mejorado su calidad de vida porque la matemática..., *esa* matemática, se lo permitió.

La matemática es una cosa viva y no muerta. No existe un libro donde estén todas las respuestas. Se produce matemática todos los días, a toda hora. Se publican alrededor de 200.000 (sí, doscientos mil) teoremas por año. Ciertamente, no todos son útiles, ni mucho menos. Pero significa que hay 200.000 problemas que se resuelven anualmente. Y surgen muchísimos más. ¿Dónde se enseña a dudar? ¿Dónde se muestra el placer de no entender y tener que pensar? ¿Por qué aparecemos los docentes como sabiéndolo todo? ¿Cuándo nos exhibimos falibles e ignorantes, pero pensantes? ¿Cuándo nos mostramos humanos?

La enseñanza de la matemática, así como está estructurada y enseñada, *atrasa.* Sirvió (supongo) hace algunos siglos, pero no ahora. Los problemas que hoy estudia la matemática tienen que ver con problemas de la vida cotidiana, y también con temas más abstractos. Hay problemas en los que se aplica y se piensa la matemática para resolver situaciones diarias. Pero también hay matemática *pura,* que agrega más matemática a lo que ya se conoce. En todo caso, forma parte de la "construcción colectiva del conocimiento".

Es posible que parte de la matemática que se produce hoy no resuelva situaciones del presente, pero podría resolver las del futuro. Hay muchos ejemplos en ese sentido. En cualquier caso, el placer pasa por pensar, por dudar, por "entretener" en la cabeza un problema que no sale... y aprender a coexistir con algo no resuelto. ¿Por qué es tan grave que haya algo que a uno no le salga? ¿Por qué generar competencias inútiles? ¿Por qué importa *quién* llega primero a la solución? El segundo, el tercero, el quinto o el vigésimo cuarto, ¿no son alumnos también? ¿Por qué alentar ese tipo de situaciones?

Mi experiencia como docente me permite decir que *nuestra* responsabilidad es la de transmitir ideas en forma clara y gradual. Uno necesita encontrar complicidades en los alumnos, mostrar que ellos importan, que *nos* importan. Que, en todo caso, *sin ellos*, sin alumnos, no hay docentes.

Estimularlos a preguntar... todo el tiempo. No todos tenemos los mismos tiempos para entender. Ni siquiera hay garantías de que lo que entendimos hoy lo entendamos mañana. Nuestra tarea, la de los docentes, es prioritariamente la de generar preguntas, o sea, motivar a los alumnos a que ellos se hagan preguntas. Nuestro desempeño no será satisfactorio si sólo colaboramos en mostrar respuestas.

Debemos quebrar las competencias estériles. Nadie es mejor persona porque entienda algo ni porque lo haya entendido más rápido. Ni peor si no entiende. Estimulemos el esfuerzo que cada uno pone para comprender.

Dos cosas más. La teoría *tiene que estar al servicio de la práctica*. Primero están los problemas y mucho después la teoría, que (en todo caso) se supone que ayuda a resolverlos. La idea es aprender a pensar, a plantear y a plantearse problemas.

No podemos cooperar para que los estudiantes se sometan a la supuesta autoridad académica del docente. Si el alumno no entiende, el docente debe motivarlo a preguntar, a porfiar, a discutir... hasta que o bien entienda, o bien nos haga advertir que... ¡quienes no entendemos somos nosotros!

Logaritmos

¿Qué son los logaritmos? ¿Para qué sirven? ¿En qué se aplican?

Quiero contarles una breve historia. No estoy seguro de que haya sido exactamente así, tal vez sea un recuerdo distorsionado de mi pasado.

Para fijar las ideas, digamos que tenía entre 7 y 8 años. Mi padre solía charlar conmigo sobre diferentes situaciones de la vida cotidiana. Trataba de interesarme en lo que sucedía a mi alrededor. Vivió (y mi madre también, claro) intentando que mi hermana y yo entendiéramos la importancia de respetar al otro, de ser generosos, solidarios. No sé si lo consiguió, pero ciertamente lo intentó.

Recuerdo que una vez trajo un librito pequeño, con muchas páginas. Cada página tenía muchos números. Muchos. Cada número figuraba en una pequeña tabla. Si la memoria no me traiciona, creo que en el lomo (del libro) decía: "Tablas de logaritmos de Lalande".

Aunque parezca raro, mi idea, al ver tantos números, era saber si podía descubrir cómo estaban ordenados y qué patrón podía encontrar. Era fácil advertir que estaban dispuestos de menor a mayor, pero ¿qué separaba a uno del siguiente? ¿Cómo hacer para calcular el próximo sabiendo el anterior?

No me daba cuenta de que, si hubiera habido una manera de hacerlo, ¿para qué alguien habría de escribir y publicar un libro sobre el tema? Es decir, si hubiera habido alguna forma de descubrir el número siguiente conociendo el anterior, *no tendría sentido escribir esas tablas.* La pregunta obvia era entonces: ¿para qué sirven? ¿Qué son los *logaritmos*?

Mi viejo me preguntó: "¿Qué es más fácil: multiplicar o sumar?". Yo contesté lo mismo que usted está pensando: "Sumar".

Luego vino otra pregunta de mi padre: "¿Qué es más fácil: calcular potencias de números o multiplicar?", que obtuvo la respuesta obvia: "Multiplicar".

Y eso, aunque parezca una banalidad, es lo que uno tiene que saber si quiere hacer cálculos. Obviamente, en la década de 1950 no había calculadoras ni computadoras. Por lo tanto, si uno tenía que hacer operaciones con números grandes (de muchos dígitos), usar logaritmos era *la* forma de abordarlos.

Los logaritmos ayudan a multiplicar números de muchos dígitos. Es decir, si bien no voy a hacer acá el desarrollo de la teoría de los logaritmos, lo primero que uno aprende de ellos es que, cuando hay que multiplicar dos números "grandes", lo que hacemos es calcularles el logaritmo a ambos, luego *sumar* esos logaritmos y, después, se vuelve para atrás (lo que en la escuela se llama "calcular el antilogaritmo", o bien uno vuelve para atrás con la función *exponencial*).

Para simplificar, supongamos que uno tiene que multiplicar dos números escritos como potencias de 10. Digamos 10^5 x 10^7. Dicho de otra forma:

100.000 · 10.000.000 (*)

o sea, cien mil por diez millones.

El número 5 –que aparece en 10^5– cuenta la cantidad de "ceros" que tiene el primer número, y de la misma forma el número 7 –que aparece en 10^7– cuenta el número de ceros que tiene el segundo.

Entonces, si uno calcula los logaritmos de ambos, obtiene 5 y 7. Los suma y obtiene el número 12. "Volver para atrás", en este caso, significa poner un *uno* seguido de *doce* ceros, y por lo tanto, el resultado de multiplicar 10^5 x $10^7 = 10^{12} =$ 1.000.000.000.000.

La cantidad de dígitos que tiene un número indica *cuán grande* es. Lo que hace el *logaritmo de ese número* –entre otras cosas– es *detectar cuántos dígitos tiene* y, por lo tanto, saber *qué tamaño tiene.*

De esa forma, uno se hace una idea del *tamaño* que tendrá el producto. Después, lo podrá calcular con mayor o menor precisión, pero *estimar* el número de dígitos permite *estimar* el tamaño del producto.

Por supuesto, los logaritmos tienen múltiples aplicaciones que sería imposible enumerar acá. Pero, al menos, si ahora alguien viene y le pregunta para qué puede servir conocer el logaritmo de un número, usted le puede contestar que tener ese dato permite saber (entre otras cosas) el tamaño del número. Permite también convertir multiplicaciones en sumas y potencias en productos. Se usan para convertir cuentas complicadas en otras mucho más sencillas.

Además, el logaritmo (y su inversa, la función exponencial) se usa para medir la intensidad de un terremoto (en la escala de Richter), para evaluar cuánto tiempo llevaría la solución de un problema mediante una computadora (lo que se llama *estimar la complejidad de un proceso*), para describir el decaimiento radiactivo de una sustancia, para medir cómo se expande una enfermedad o cómo crece o decrece una colonia de bacterias, para evaluar el comportamiento de una epidemia, para calcular cómo crece un determinado capital invertido en un banco a un cierto interés, para resolver cuestiones en ingeniería y física... y la lista continúa. Hasta para medir semitonos en las partituras de música se usan los logaritmos.

Peinar la esfera

¿Intentó alguna vez peinar a un niño? ¿Se dio cuenta de que si uno quiere peinarlo de tal forma que todo quede *lacio* y en una misma dirección...[2] no se puede? Por más que uno pruebe de una u otra forma, empezando por el costado o por atrás, o incluso por adelante, el resultado es invariablemente el mismo: no se puede. En todo caso, la única alternativa sería que en algún punto de la cabeza ¡el niño no tuviera pelo!

No importa cuán creativo uno quiera ser, al final siempre hay pelos que apuntan para arriba... o en distintas direcciones. Es lo que se conoce con el nombre de *remolino.*

Hay otro ejemplo muy conocido y muy útil para entender esta idea (la del remolino): tome una pelotita de tenis. Habrá advertido que la superficie tiene una suerte de "pelitos". Suponga que la

2 Por supuesto, me estoy tomando una licencia al hablar de pelo *lacio* y/o *peinado en la misma dirección,* pero apelo al sentido común de quien lee esto. En todo caso, como bien observaron Eduardo Cattani, Gerardo Garbulsky y Juan Sabia, la cabeza de ninguna persona tiene *pelo en todas partes.* Quizá el mejor ejemplo sería la *pelotita de tenis,* que *sí* tiene pelos en toda su superficie.

quiere peinar (como el pelo en la cabeza del niño). Si uno quisiera dejar *todos los pelitos planos,* cambiando de dirección suavemente a medida que va avanzando, tampoco podría.

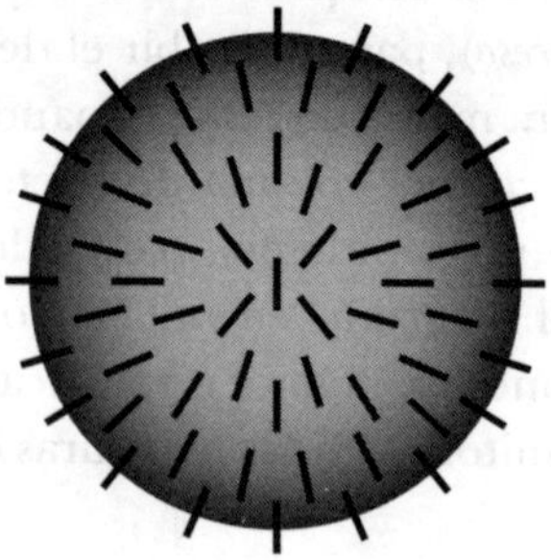

Es decir, la única manera de poder implementarlo es que, al menos en *algún punto* de esa pelotita, ¡no haya pelos! Hasta acá, es sólo una observación *práctica*. No parece tener muchas consecuencias y, por otro lado, ¿a quién le importaría? En definitiva, generaciones y generaciones de humanos hemos coexistido con remolinos y nadie se murió por eso (no tengo una demostración de esto, y Juan Sabia me observó que quizás haya habido algunos dictadores que mataron a sus peluqueros porque no pudieron doblegar un remolino en su cabeza...). Sin embargo, quiero mostrar algunas intervenciones de la ciencia en esto último y una aplicación *impensada.*

Justamente, una rama de la matemática –la topología algebraica– produjo un teorema muy importante, demostrado en 1912 por el científico danés L. E. J. Brower. Esencialmente, Brower probó que es *imposible* peinar una esfera *con pelos* en forma continua. Claro, el teorema dice otra cosa (lo escribo acá sólo para mostrar el lenguaje que se usa corrientemente –en matemática– y que está totalmente desvinculado de lo que uno lee/escucha/habla en nuestra sociedad):

> No existen sobre la esfera campos vectoriales tangentes continuos nunca nulos.

Increíble, ¿no? Parece mentira que de un enunciado de estas características se desprenda que siempre tiene que haber *remolinos* en la cabeza de un niño. O que, en todo caso, la única manera de poder peinarlo en forma tal que el pelo quede *lacio* es que en algún lugar de su cabeza ¡no haya pelos!

No me abandone ahora. Lo imagino pensando: ¿a esto se dedican los matemáticos? ¿A demostrar que uno no puede peinar una cabeza evitando los remolinos? Téngame un poco más de paciencia. Créame que es sencillo, pero requiere que se tome un poquito de tiempo para pensar. Gracias.

¿Cómo se podría *independizar* uno de la cabeza del niño y sus cabellos? Así: imagine que usted tiene una esfera cualquiera y *en cada punto* de esa esfera tiene apoyada una "flechita" o un palito que es *tangente* en relación con la pelota en ese punto. Para clarificar las ideas, cuando escribo *tangente* es porque quiero decir que esa flechita está como "apoyada" o "pegada" en la pelota.

Ahora bien: trate de "pegar" (idealmente) una flechita *en cada punto de la esfera en forma continua*[3] (lo que sería equivalente a la cabeza de un niño con pelos que le salen de todos lados y que usted quiere peinar). El teorema de Brower dice que no es posible hacer esa distribución continua de "flechitas", salvo que en algún punto *no haya flecha.* Y afirmar *que no haya flecha* equivale a decir, en el caso de la cabeza, que en algún punto no haya pelo.[4] Lo intere-

3 En forma *continua* quiere decir (de modo *muy aproximado*) que las flechitas de puntos cercanos apuntan en direcciones parecidas, que no hay puntos cercanos que tengan asignadas direcciones muy diferentes.

4 Sin embargo, si la cabeza de una persona fuera como la rueda de una bicicleta o la goma de un automóvil o un "salvavidas" (lo que en matemática se conoce como un "toro"), y en cada punto hubiera una "flechita" pegada en forma tangente y continua (como vimos más arriba en el caso de una esfera), el teorema ya no sería cierto. Es que, en ese caso, sí se puede peinar ese tipo de superficie. El hecho de que se pueda hacer en un caso (el del toro) y no en el otro (el de la esfera) tiene que ver con lo que se llama el "índice" o "característica" de una superficie. La esfera tiene índice 2, en cambio el toro tiene característica 0.

sante es que, más allá de peinar esferas, este teorema tiene una aplicación, entre otras muchas (una muy directa ligada al clima). Sígame con esto porque la consecuencia es espectacular.

Imagine a la Tierra como una esfera. Suponga que en todo punto de la Tierra hay viento. Ese viento, en cada punto, tiene una cierta velocidad y dirección (que voy a imaginar –haciendo una simplificación– *sólo* horizontal). Imagine que usted le asigna una "flechita" horizontal o tangente en ese punto que mide la velocidad del viento.[5] Cuanto más "larga" sea la flecha, indicará que el viento es de mayor intensidad. Al revés, si la "flechita" es muy corta, significará que hay muy poco viento. Y el lugar hacia donde apunte la flecha marcará la dirección del viento.

Entonces, el teorema dice que tiene que haber algún punto del globo donde *no haya viento*. Es decir, en cualquier momento que uno quiera medir, tiene que haber algún punto (o más) sobre la superficie de la Tierra donde *no haya flechita*, y por lo tanto, no haya viento. Lo notable es que, justamente, ese punto sería el *ojo de un ciclón o anticiclón*. El viento circularía o se *enrollaría* alrededor de ese punto, como el remolino que se forma en la cabeza con los pelos.

Dicho de otra forma: el teorema de la "pelota peluda" dice –aplicado al clima– que siempre debe haber un punto (o más) en la Tierra donde ¡tiene que haber un *ciclón*! Por supuesto, observe que el ojo del ciclón puede ser arbitrariamente grande o pequeño, y que el viento puede ser arbitrariamente intenso o suave. No importa.

Lo sorprendente es que una observación tan inocente como la formación de remolinos en la cabeza de un niño (o de un adulto, por supuesto) dé lugar a un teorema muy importante, cuyas aplicaciones y consecuencias escapan no sólo al propósito de esta nota sino también a los planes de este autor.

5 Algo así como si cada flechita fuera *perpendicular* al radio imaginario que va desde el centro de la esfera hasta el punto en cuestión.

¿Por qué no hay premio Nobel de Matemática?... ¿O sí?

En 2001 se estrenó la película *Una mente brillante* (*A Beautiful Mind*), dirigida por Ron Howard y protagonizada por Russel Crowe. Es una adaptación de un libro escrito por Sylvia Nasar, quien fue candidata al Premio Pulitzer por ese trabajo.

La película es una versión libre de la biografía del famoso matemático norteamericano John Forbes Nash, quien trabaja en teoría de juegos, geometría diferencial y ecuaciones diferenciales en derivadas parciales. Lo que atrajo a los productores que quisieron hacer una película sobre la vida de Nash es que se lo declaró *esquizofrénico* cuando era muy joven (hoy tiene 80 años), y siempre es mejor pintar a un científico si está loco, y si es matemático, mucho mejor aún.

Hasta acá, todo muy bien. Pero el hecho es que en 1994 Nash recibió el premio Nobel junto con dos economistas (Reinhard Selten y John Harsanyi). Si usted vio la película y/o si conoce gente que la vio, hágase/hágale esta pregunta: ¿premio Nobel de qué le dieron a Nash?

Se va a sorprender con las respuestas. Es que la mayoría (y con buena razón) dice que le dieron el Nobel de Matemática. Pero lo curioso es que *no existe tal cosa.* Sí, otra vez: ¡no hay premio Nobel de Matemática! En la película el director y el guionista se cuidaron muy bien de que ese detalle no apareciera, tanto que en ningún lugar se menciona que le dieron el premio Nobel ¡de Economía! Y no es que no haya habido razones para hacerlo. De hecho, las contribuciones de Nash forman parte del aporte esencial que la matemática teórica hizo a la economía, sin ninguna duda. Pero lo sorprendente es que en función de lo que sucedía en la película ese episodio queda marginado. Se dice, por supuesto, que Nash ganó el Nobel, pero específicamente *no se dice en qué disciplina.* Sin embargo, lo que más me interesa acá es contar alguno de los mitos existentes en torno al hecho de que *no haya Nobel* de Matemática. ¿Por qué?

El más famoso de los argumentos es el siguiente: Alfred Nobel no quiso que ninguna parte de su fortuna fuera a la matemática porque habría descubierto que su mujer lo engañaba con un matemático. Para enfatizar más el episodio, la historia sostiene que el matemático en cuestión era Gosta Magnus Mittag-Leffler, un científico muy conocido y reconocido como tal (como matemático). ¿A quién se le podría ocurrir inventar una historia de este tipo y encima tener el nombre del autor del "crimen"?

Se esgrimen varias razones para refutar esta historia. Primero, Nobel no estaba casado. Claro, ése no sería un impedimento para que alguien lo estuviera engañando con su compañera (que sí tenía). Pero el inconveniente es que Nobel había emigrado de Suecia en 1865, cuando Mittag-Leffler era un estudiante, y la diferencia de edades obraba como otro impedimento. Más aún: Nobel volvió muy pocas veces a Suecia, y su compañera, menos todavía. El prestigio de Mittag-Leffler se generó cuando Nobel ya no vivía en su país de origen.

Por supuesto, algún asidero para la fantasía existe, y es que Mittag-Leffler y Nobel estaban enfrentados (casi en el final de la vida de Nobel), ambos eran muy poderosos y ricos, y como Mittag-Leffler era además un científico prominente, si Nobel dejaba en su legado un premio a la matemática, lo peor que podía pasarle era que nada menos que *él* (Mittag-Leffler, claro) obtuviera un galardón con el nombre de su fundación... su propio nombre.

La historia es simpática, aunque en realidad lo más probable es que Nobel (como varios en esa época) no considerara a la matemática como una ciencia independiente y/o relevante por sí misma. Y legó a su fundación una fortuna, en 1895, estimada en lo que hoy sería el equivalente aproximado de 103 millones de dólares, cuyos intereses debían cubrir los premios en *cinco* disciplinas: física, química, medicina-fisiología, literatura y paz mundial. El propio Alfred Nobel estaba relacionado con todas estas áreas, salvo con la medicina.

Un sexto premio se agregó en 1969 (economía) y, naturalmente, existe la especulación de que en un futuro no muy lejano la propia matemática tenga el reconocimiento que merece como ciencia pura.

Por el momento, lo más parecido al Nobel es lo que se conoce con el nombre de medalla Fields. Este premio se entrega a dos, tres o cuatro matemáticos, *no mayores de 40 años*, cada vez que se celebra el Congreso de la Unión Matemática Internacional. Esto sucede cada cuatro años, y la diferencia en dinero con el Nobel es abismal: 15.000 dólares para los ganadores de la medalla (último dato, año 2006), contra casi 1.600.000 que obtuvieron los ganadores del Nobel en 2007.

La medalla Fields lleva su nombre en honor al matemático canadiense John Charles Fields, y los primeros ganadores (en 1936) fueron Lars Ahlfors de Finlandia y el estadounidense Jesse Douglas. Desde entonces, y hasta acá (2008), la obtuvieron sólo 48 personas.[6]

En la última edición, en 2006, se produjo un episodio sorprendente, porque el matemático ruso Gregori Perelman se negó a recibir la medalla y ni siquiera concurrió al congreso que se realizó en Madrid, disgustado porque se había puesto en duda la importancia de su contribución. Perelman vive ahora recluido en su Rusia natal (en Leningrado), luego de haber resuelto uno de los problemas más importantes de la matemática: la conjetura de Poincaré.[7]

Si hubiera habido premios Nobel de Matemática, la Argentina habría tenido dos candidatos muy sólidos que sobresalen del resto. Uno de ellos es el increíble Alberto Pedro Calderón –posiblemente el matemático argentino más importante de la historia–, nacido en Mendoza y fallecido en 1998. Se recibió de ingeniero y luego se convirtió en un especialista en análisis armónico. Sin nin-

6 Otro intento de equipararse con los Nobel es el que se conoce con el nombre de premios Abel. Éstos fueron instituidos por la corona noruega y se entregan desde 2003. El premio es de 750.000 euros. Como se ve, todavía no tiene la tradición ni el prestigio del Nobel, pero en algún momento había que empezar, y Noruega lo hizo. La dirección electrónica del premio Abel es http://www.abelprisen.no/en/

7 El lector encontrará más sobre la vida de Perelman en páginas posteriores del libro.

guna duda fue el matemático argentino de mayor prestigio internacional en el siglo XX. El otro es Luis Caffarelli, actualmente radicado en Austin, Texas, miembro de la Academia de Ciencias de los Estados Unidos. Es el matemático líder en el mundo en problemas de ecuaciones diferenciales en derivadas parciales con frontera libre. Con Luis fuimos compañeros en la Facultad de Ciencias Exactas y Naturales de la Universidad de Buenos Aires hace cuarenta años. Su potencial en ese momento era obvio para cualquiera de nosotros, aun como estudiantes.

De una u otra forma, la Argentina tiene matemáticos de prestigio internacional, produce en el país matemática de excelente nivel y no sólo en la UBA, sino en Rosario, Córdoba (FAMAF), Santa Fe, Bahía Blanca o La Plata (UNLP), por nombrar sólo algunos lugares. Y, por supuesto, tiene también esparcidos por el mundo extraordinarios referentes en diferentes áreas.

No todos lo han advertido aún, pero como consecuencia de lo que el país produce en las universidades nacionales, la matemática tiene puestos los pantalones largos hace tiempo, y ahora sólo necesita que *alguien le escriba.* Ya es hora de invitarla a la mesa.

David Hilbert y los 23 problemas

Corría el año 1900. Comenzaba el siglo XX (o terminaba el XIX, como prefiera). La capital de Francia había sido elegida por los más importantes matemáticos de la época para discutir sobre el futuro de la ciencia. Allí se realizaría el segundo Congreso Internacional de Matemática de la historia. Y decidieron que David Hilbert diera la conferencia inaugural.

Todo bien, pero… ¿por qué Hilbert? ¿Quién era Hilbert? ¿Quién fue Hilbert? ¿Cuántos de los que que están leyendo esto (no matemáticos, no físicos) escucharon hablar de Hilbert?

Hilbert fue un matemático alemán, que vivió entre 1862 y 1943. Se lo considera uno de los científicos más influyentes de los siglos XIX y XX. Sus aportes fueron determinantes no sólo dentro de la matemática misma (Teoría de Invariantes, Axiomatización de la Geometría y el desarrollo de lo que hoy se conoce como "Espacios de Hilbert"), sino también en la mecánica cuántica y la relatividad general.

Además, defendió "a muerte" la teoría de los "distintos tipos de infinito" y "los números transfinitos" (y tenía razón, claro) que había enunciado Georg Cantor, justo cuando éste (Cantor) sufría los ataques más crueles por parte de muchos de sus pares, que pensaban que estaba loco. Hilbert salió en su defensa y reconoció el valor de su obra (vale la pena recordar que nos hemos ocupado de estos distintos tipos de infinitos varias veces en la serie de *Matemática… ¿estás ahí?*).

Su influencia era tal que lo eligieron para pronunciar el discurso inaugural por su capacidad de liderazgo y por su visión, que trascendía lo observable en el momento. Como un verdadero estadista de la matemática, Hilbert era capaz de ver más allá. Podía elevarse por sobre el nivel del piso y establecer las bases del futuro. Por eso lo invitaron a dar esa conferencia, y Hilbert no falló.

Lo que hizo en su discurso fue resumir el "estado de la matemática". Algo así como presentar los problemas más importantes, más profundos, cuya solución no sólo se ignoraba, sino que, de encontrarse, todos acordaban que se abriría un panorama distinto y surgirían múltiples ramas para investigar.

Allí entonces, en París, el 8 de agosto de 1900, Hilbert presentó sus famosos 23 problemas, en lo que se considera –aún hoy– la compilación más importante que haya hecho un solo matemático en la historia. En la tumba de Hilbert, en Gottingen, se pueden leer algunas de las palabras que pronunció en su alocución: "Debemos saber. Y vamos a saber".

Varios de ellos no son "problemas propiamente dichos", sino algo así como "áreas de investigación". En la introducción, Hilbert dijo, además:

> ¿Quién, entre nosotros, no estaría feliz de levantar el velo detrás del cual está escondido el futuro, poder mirar fija-

> mente los desarrollos de nuestra ciencia y los secretos que se develarán en los siglos que vienen? ¿Hacia qué lugar apuntará el espíritu de las futuras generaciones de matemáticos? ¿Qué métodos, qué nuevos hechos revelará el nuevo siglo en el rico y vasto campo del pensamiento matemático?

Y hacia allá fue (la matemática). Aunque la percepción está cambiando en los últimos años (afortunadamente), muchas generaciones de jóvenes de todo el mundo que estudian matemática en los colegios y escuelas creen –con todo derecho– que en esta ciencia ya está todo hecho, todo descubierto, todo escrito.

Peor aún: la matemática, para ellos, está reducida sólo a números, cuentas, ecuaciones, un poco de geometría, otro poco de trigonometría... Ah, y el teorema de Pitágoras.

Sin embargo, no sólo no es así, sino que la matemática está viva, rebosante de problemas sin solución, de intrigas, de curiosidades y de misterios.

Los 23 problemas

Si yo fuera usted, querría leer los problemas de los que hablaba Hilbert. Querría saber de qué se trataba (o de qué se trata). Querría saber por qué 23. Sin embargo, la dificultad que se plantea (que se me plantea) es que son difíciles hasta de enunciar, ni hablemos de comprenderlos y mucho menos de resolverlos. Y no crea que yo los entiendo... o, para decirlo de otra forma: entiendo algo de algunos, los aspectos más elementales.

Con todo, lo que sí puedo decir es que la gran mayoría de los problemas que planteó Hilbert fueron resueltos a lo largo del siglo XX. El que se ha resistido (aún hoy, en 2008, no tiene respuesta) es el que se conoce con el nombre de la Hipótesis de Riemann.[8]

8 La Hipótesis de Riemann fue formulada en 1859 por Bernhard Riemann, otro matemático alemán, y después de ciento cincuenta años aún no se sabe si es cierta o falsa. La conjetura habla sobre la

Es, además, el más famoso de los problemas presentados en aquella ocasión.[9]

El siglo XXI

Tal como era esperable, cien años después, el 24 de mayo de 2000, también en París, en el Collège de France, se planteó un nuevo grupo de problemas. No fueron 23 como en 1900, sino solamente 7, pero son los que se consideraron centrales para el avance de la matemática en el siglo XXI.

El mundo también ha cambiado. En 1900 los problemas que planteó Hilbert tenían que ver con un desafío. En todo caso, cualquier autor de una solución pasaría a la historia y ganaría algo que no se puede comprar: prestigio. Y punto. No había dinero involucrado. Eso ya no es más así. El Instituto Clay de Matemática, con sede en Massachusetts, asignó un total de 7 millones de dólares para repartir en partes iguales (un millón para cada uno) a todos aquellos que fueran resolviendo los problemas. De todas maneras, por más que haya un incentivo pecuniario, las dificultades que presentan los problemas son tales que el dinero por ganar no modifica la posibilidad de solucionarlos.

Lo curioso es que en 2006 el ruso Gregori Perelman resolvió uno de los 7 problemas, la Conjetura de Poincaré. Perelman no escribió todos los detalles de la demostración, pero ciertamente las ideas que aportó fueron novedosas y decisivas para considerar que la conjetura estaba resuelta en forma afirmativa. Pero hubo una parte de la comunidad matemática que puso en duda que la prueba estuviera completa y pretendió reconocer como coautores a dos matemáticos chinos, Cao y Zhu.

---

distribución de los ceros de la función zeta (ζ). Hay un conjunto de ceros llamados triviales (todos los enteros negativos pares). Esto se sabe. Pero la conjetura dice que los ceros no triviales tienen parte real igual a 1/2.

9 Siempre circulan potenciales soluciones a todos estos problemas, pero en la mayoría de los casos –casi todos, verdaderamente– resultan ser falsas.

Como ya vimos en este libro ("¿Por qué no hay un Nobel de Matemática?"), Perelman decidió negarse a aceptar la medalla Fields, y más aún: sostuvo que quienes le adjudicaban los premios y revisaban sus trabajos no estaban lo suficientemente calificados para hacerlo. Y se fue a vivir a Leningrado, con su madre.

Más allá de los ribetes de teleteatro que aparecen involucrados, de hecho, los 7 problemas del siglo XXI ya son 6. Y la matemática sigue viva, escurridiza y seductora. Se han desarrollado tantas ramas dentro de la matemática que hoy se estima que rondan las 100 (cien). Y mientras usted lee esto y yo lo escribo, con seguridad hay gente pensando ya en subramas y múltiples bifurcaciones. Y está bien que así sea. Ésa es la mecánica de cualquier ciencia, sobre todo de una ciencia tan viva como ésta. Será cuestión de seguir pensando por dónde abordarla. Y esperar hasta el año 2100 para saber hacia dónde apuntaremos entonces.

Perpendicular

Noviembre de 2007. Una mañana cualquiera en Barracas. Un estudio de televisión como tantos otros en la Capital. Allí estábamos grabando uno de los capítulos de *Alterados por Pi*, el programa de matemática que se exhibe por Canal Encuentro, en la Argentina. Claudio Martínez, el productor ejecutivo, conversaba en un costado con Woody González y Ariel Hassan, los realizadores y verdaderos artistas que lo hacen posible. En otro rincón del estudio, Pablo Coll y Pablo Milrud repasaban conmigo lo que iba a grabar. Ambos son matemáticos. Ambos monitorean lo que digo. Y, además, escriben una buena parte de los textos.

Me propusieron que en el siguiente bloque mostrara cómo la matemática puede ayudar a aprender a cortar una pizza.

Supongamos que dos personas van a compartir una pizza grande. En general, la forma estándar de cortarla es la que se ve en la figura 1.

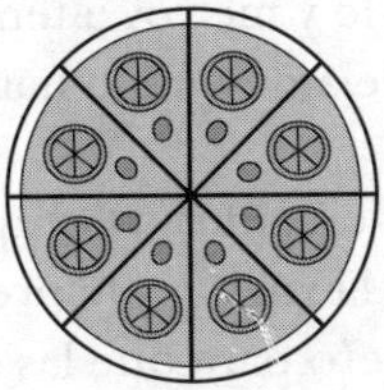

Figura 1

O sea, primero un corte por la mitad de la pizza (figura 2), después otro perpendicular, también por la mitad (figura 3), y después dos cortes más, perpendiculares entre sí, y a 45 grados de los otros dos (figura 4).

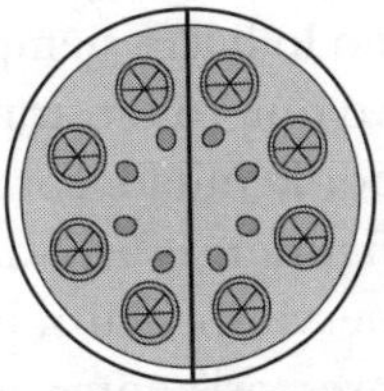

Figura 2

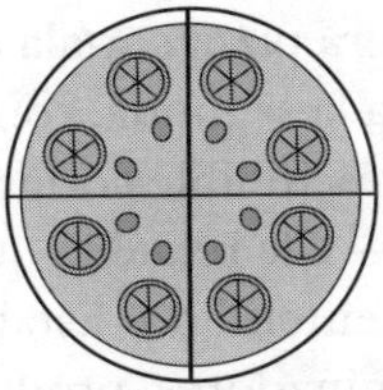

Figura 3

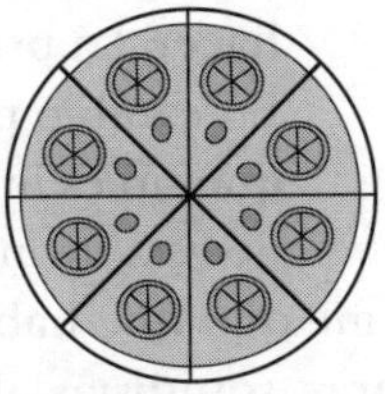

Figura 4

Claudio se acercó y escuchó lo que me decían los Pablos:

—¿Por qué no mostrás que usando muy poco de geometría se puede probar que no hace falta cortar la pizza por la mitad, y después otra vez por la mitad, sino que se puede cortar en cualquier parte (no hace falta que sea en la mitad), y luego sí hacer otro corte perpendicular en cualquier lugar, y después seguir como en el caso convencional?

Me preparé entonces para hacer unos dibujos en el pizarrón electrónico del estudio, cuando Claudio me sorprendió con una idea:

—¿Por qué no aprovechamos y pedimos un par de pizzas? Vos podés cortar las dos en cámara y de esa forma será más descriptiva la explicación.

—No —le dije—, si tengo que cortar las pizzas, nunca lo voy a poder hacer bien, y vamos a necesitar 100 pizzas para conseguirlo y me voy a tener que cambiar de ropa veinte veces. Dejame que lo haga en el pizarrón.

Claudio insistió:

—Ya sé. Tengo una idea. ¿Por qué no pedimos un par de pizzas acá a la vuelta, y le preguntamos si nos pueden mandar al pizzero para que las corte él? ¿Qué te parece?

Eso sí me pareció muy astuto. Y acepté.

Una media hora después entró un joven con dos pizzas y un cuchillo enorme, obviamente recién afilado. Ya estaba maquillado, por lo que no había demasiado tiempo que perder. Le pregunté el nombre, y me dijo: "Luis".

—Luis —seguí—, es muy sencillo lo que tenés que hacer. La primera pizza cortala como lo hacés siempre. En cambio para la segunda, como yo quiero mostrar que no es imprescindible cortarla por la mitad, cortala de esta forma. —Y le relaté lo que figura más arriba.

Luis me dijo que había entendido. Estaba nervioso, claro: luces, cámaras, sonidistas, iluminadores, productores, asistentes, gente de utilería... demasiado. Y todo junto. Le dije que no se preocupara, que era una grabación y que yo estaba ahí para ayudarlo en lo que pudiera pasar. Sólo tenía que hacer lo que habíamos convenido.

Empezamos a grabar. Yo expliqué el problema (que, de paso, lo invito a que trate de resolver) y llegó el momento de que Luis cortara la primera pizza. Lo hizo en forma impecable. En menos tiempo del que usted tarda en leer estas líneas, Luis cortó la pizza. Como hacía siempre (como en la figura 1).

Con la segunda pizza ya fue otra historia. El primer corte, Luis lo hizo por la mitad (figura 2). Eso no me preocupaba tanto. El primer corte podía ser en cualquier parte, y si bien yo quería enfatizar que se podía cortar en *cualquier parte*, ese paso estaba bien.

Cuando llegó el momento de cortar otra vez, Luis lo quería hacer nuevamente en la mitad. Es decir, seguir la rutina que utilizaba en la pizzería. Y eso ya no nos servía (para el planteo que queríamos hacer). Le dije:

—No, Luis, cortá la pizza más arriba, da lo mismo en cualquier parte, pero más arriba.

Luis se resistía, porque, en realidad, no me creía que la repartición fuera a ser equitativa entre las dos personas. Entonces, insistía en cortar en el medio otra vez.

Cuando le pedí nuevamente que cortara más arriba, me hizo caso, pero el lugar donde él quería poner el cuchillo era demasiado cercano al medio, por lo que al final, si bien no era la mitad-mitad, la diferencia era imperceptible. No nos servía tampoco. Yo quería que fuera fácil percibir que no se trataba de un corte convencional.

—No, Luis. Cortá bien arriba, cerca del borde. No te preocupes —le pedí.

Luis, que me quería ayudar y no creía en el argumento geométrico que yo pretendía exhibir, finalmente claudicó. Y se sometió a lo que yo le pedía. Pero eso sí: si bien haría el corte más arriba, ya no le importaba tanto "cómo" y, por lo tanto, empezó a hacer un corte que no era perpendicular al anterior. Lo detuve y le dije:

—No, Luis. Por favor, hacelo perpendicular.

Luis suspendió lo que estaba haciendo y me miró como sorprendido. ¡Y ése fue un momento increíble para mí!

Por un instante, no entendí lo que pasaba. No entendía por qué había suspendido el corte. Pero, casi en forma inmediata, advertí que con su mirada Luis me estaba diciendo que no entendía el significado de la palabra *perpendicular*. Entonces, le dije:

—A 90 grados, por favor.

Pero Luis tampoco parecía entender lo que significaba "90 grados".

Finalmente, le dije:

—Luis, hacé una cruz. (Figura 5.)

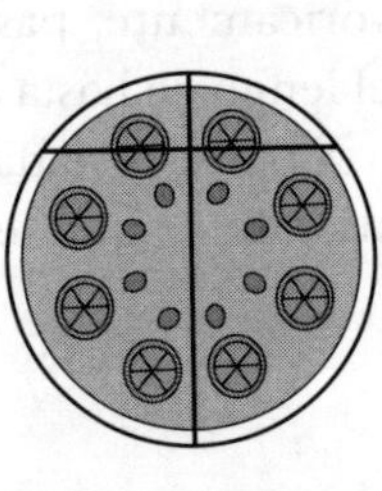

Figura 5

Eso resolvió el problema. A partir de ahí fue todo fácil y terminamos la grabación sin más complicaciones.

Sin embargo, yo acababa de aprender una gran lección. Luis me había enseñado a prestar atención a algo muy importante. Él estaba dispuesto a ejecutar cualquier cosa que yo le pidiera con la pizza. Pero, claro, con una salvedad: ¡él tenía que poder entender lo que yo le pedía!

Toda esta historia, todo este relato, tiene como intención llegar a este punto. Por supuesto, los nombres y las referencias son todos ficticios, distorsionados. El episodio sí existió, pero no con esos protagonistas. Sin embargo la esencia de todo esto es invitarlo a pensar a usted, a todos los que hablamos con gente (o sea, casi todo el mundo), a los que comunicamos (periodistas, docentes, padres)... ¿tenemos siempre claro que nuestro interlocutor entiende lo que le estamos diciendo? Las palabras se usan para comunicar algo. Pero si el lenguaje que usamos no sirve como mensajero, ¿por qué esperar que el otro pueda entenderlo? ¿Cuántas veces se frustró usted porque quiso decir algo y no lo comprendieron? ¿No habrá ocurrido que el otro no comprendió el lenguaje que utilizó?

¿Por qué dar por garantizado y/o aceptado que la palabra *perpendicular* forma parte del vocabulario de todo el mundo? Y uso el ejemplo porque es el que tengo a mano. Estoy seguro de que usted, mientras lee estas líneas, debe tener sus propios casos para elaborar.

Pocas veces entendí algo en forma tan brutal y tan directa. Me sentí avergonzado, no tanto porque Luis no entendiera la palabra que yo usaba, sino por no haber previsto que eso pudiera suceder. Con la matemática, históricamente, pasa algo similar. El modo como hemos empleado el lenguaje hasta acá ha sido casi como hablar siempre en sánscrito. Y por eso, nada más que por eso, es que parece que el otro no entiende de qué se trata.

Problemas y desafíos matemáticos

El carcelero loco

El siguiente problema exige un poco de imaginación, pero tiene una belleza difícil de disimular. Para poder descubrirla, no alcanza con leer el enunciado: hace falta pensar la solución. Requiere pelearse con uno mismo cuando se cree haber entendido y después se descubre que no. Pero vale la pena seguir y seguir. En resumen, no es un problema trivial, ni un problema que se supone que a uno le tenga que salir de inmediato, casi sin dudar.

Eso sí: cuando uno advierte lo que pasa, se da cuenta de que ha dado un paso que lo tranquiliza, porque ha logrado *ver* un poco más allá. Ahora sí, acá va.

En una cárcel hay 100 celdas. Las celdas están dispuestas en forma circular, dejando un lugar en el centro. Además, están numeradas del 1 al 100. El carcelero tiene una costumbre: suele dejar las llaves que sirven para abrir cada una de ellas colocadas del lado de afuera, para no tener que buscar la que corresponde a cada una cuando necesita abrirlas. Así, cada vez que debe ingresar en una de las celdas, o hacer salir al detenido, le basta con acercarse y abrir con la llave que está afuera.

Dicho esto, un día, un domingo por la mañana, el carcelero parece haber enloquecido: con un frenesí que nunca antes había exhibido, emprende el siguiente procedimiento circular. Primero recorre todas las celdas y las va abriendo una por una, de la 1 a la 100. Una vez hecho esto, empieza de nuevo y cierra todas las pares.

Es decir, cierra la 2, la 4, la 6, ..., etcétera, hasta que llega a la número 100. Quedan abiertas, hasta ese momento, las celdas impares: 1, 3, 5, 7, ..., 97, 99.

Luego, vuelve hasta la celda número 3. Como sabemos, está abierta. Entonces, él la cierra. Luego salta a la celda número 6, que está cerrada porque era una de las pares. El carcelero la abre. Pasa a la número 9. La encuentra abierta. Él la cierra. Y así sigue, saltando de a tres cada vez: las que encuentra abiertas, las cierra, y las que encuentra cerradas, las abre. En definitiva, cambia el estado de cada celda: abre las cerradas y cierra las abiertas (en saltos de a tres).

Una vez que llega a la número 99, vuelve a la celda número 4. La encuentra cerrada (porque pertenecía al grupo de las pares). La abre. Y repite el proceso que había hecho anteriormente con las celdas que tenían números múltiplos de 3. Ahora lo hace con las celdas numeradas con los múltiplos de 4. De la 4 pasa a la 8, y como estaba cerrada también, la abre. Y sigue así: abre las celdas que son múltiplos de 4 que están cerradas, y cierra las que están abiertas.

Cuando llega a la 100, va hasta la número 5. Y como hizo antes, empieza el recorrido nuevamente, saltando ahora de cinco en cinco. Las que encuentra abiertas las cierra y las que encuentra cerradas, las abre.

El carcelero continúa con este procedimiento hasta agotar todas las posibilidades y llegar a la vuelta número 100, cuando debería empezar a dar saltos de cien en cien. Como usted advertirá, en este trayecto alocado el señor abrió y cerró un montón de puertas.

Las preguntas son:

a) ¿Puede decir usted cuántas puertas quedarán abiertas cuando él finalice con el proceso?
b) ¿Las puede identificar?

Como ve, es un planteo sencillo. Sólo hace falta sentarse un rato y pensar.

(Solución: 173-180)

Sobre sándwiches, medialunas y sistemas de ecuaciones

Le propongo un problema para que piense, pero olvidándose de *todo* lo que estudió en el colegio. Trate de *deducir* la solución usando sólo el sentido común, sin necesidad de recurrir a ninguna fórmula ni ecuación. Sólo razone como si fuera un marciano que llegó a la Tierra con una única habilidad: la de pensar.

Aquí va. Suponga que está en un hotel sólo por dos días. Los dos días toma allí su desayuno.

a) El primer día consume dos medialunas y un sándwich. Al salir, paga 4 pesos.
b) Al día siguiente consume tres medialunas y dos sándwiches (iguales a los del primer día). Al salir, paga 7 pesos.

¿Cuánto vale cada medialuna? ¿Cuánto vale cada sándwich?

Como escribí más arriba, sólo apele a pensar lo que se le ocurra. Y luego revise (junto conmigo) la solución.

(Solución: 180-182)

Las naranjas y los diámetros distintos[10]

El que sigue es un problema precioso, porque muestra cuán atento tiene que estar uno si quiere tomar una *buena* decisión, o al menos una *más educada*.

Suponga que está haciendo compras en un supermercado. En el momento de llegar a la caja donde va a pagar advierte que hay dos cajones de naranjas. Las que están en uno de los cajones tienen exactamente el doble de diámetro que las naranjas del otro cajón. Por supuesto, antes de que usted lo diga, lo escribo yo: estas condiciones son ideales. No hay manera de medir *exactamente* los diámetros ni mucho menos asegurarse de que esa condición se cumple

10 Este problema me lo contó Diego Vaggione, colega que trabaja en el FAMAF, en la Universidad Nacional de Córdoba.

en todas las naranjas. Es sólo una licencia que me tomo, y lo invito a usted a que me acompañe.

Ahora sí me siento más cómodo. Las naranjas de cada cajón tienen un precio que está exhibido en sendos carteles indicadores. Cuando le toca el turno, resulta que usted quería llevarse sólo una naranja del cajón que contenía las más grandes, pero justo el señor que estaba delante en la fila se llevó las últimas. Descorazonado, piensa en quedarse sin los cítricos, cuando el cajero le dice: "Vea... como no quedan más naranjas de las que usted quiere, llévese el equivalente en naranjitas más chicas" (o sea, de la mitad de diámetro).

¿Cuántas naranjitas tendría que llevarse entonces para compensar una grande, de las que ya no hay? Le pido que trate de pensar usted el problema, imaginando las condiciones ideales, como planteé más arriba. Es decir, las naranjas son *ideales,* en el sentido de ser perfectamente esféricas, no hay desperdicio en el jugo que producen y son todas iguales entre sí (tanto las más chicas como las más grandes).

¿Qué le parece que hay que hacer, sin abusar de la generosidad del cajero? ¿Cuántas naranjitas tiene que llevarse?

(Solución: 183-184)

¿Qué es mejor: *cinco* de diez o *uno* de diez?

Corría diciembre de 2007 cuando estábamos grabando el programa *Alterados por PI* en el Canal Encuentro. El entrevistado era Pablo Amster. Hablábamos de sus libros, de su pasión por la guitarra, por las ecuaciones diferenciales... y, por algún motivo que no puedo recordar, me hizo la siguiente pregunta:

> —Si uno tuviera que tomar una decisión (por sí o por *no... sin posibilidades intermedias*) y tiene la alternativa de consultar a una de dos personas, de las cuales sabe que una acierta cinco de cada diez veces que se le pregunta algo, mientras que la otra sólo acierta *una* de cada diez veces... ¿qué le conviene hacer?

Antes de que pudiera contestarle (y no sé si lo hubiera hecho bien), se quedó mirándome por un instante y me dio la respuesta.

Usted, ¿qué haría? (Vale la pena que piense antes de tomar una decisión.)

(Solución: 184)

Cinco mujeres, sus pesos y la balanza (¿faltan datos, o no faltan?)

En general, cuando uno analiza un problema que parece complejo tiene la tentación de sospechar que *faltan datos*. Es decir: la información que tengo no alcanza para saber si el problema tiene solución o no, o si yo voy a poder encontrar alguna.

Aquí quiero remarcar una diferencia. Una cosa es el planteo formulado por una persona que *sabe* que el problema tiene solución, y otra muy distinta es tropezarse en la vida con un problema y no saber si tiene solución o si no la tiene. O sea, en la tarea del investigador, así como en la vida cotidiana, los problemas no vienen con un asterisco tranquilizador: "No se preocupe si no se le ocurre algo ahora. Yo sé que esto se puede resolver, de manera tal que es sólo una cuestión de tiempo". Algo así como si uno escuchara una voz que le dijera: "Siga participando". Bueno, como usted bien sabe, en la vida las cosas son ciertamente diferentes.

El problema que voy a plantear ahora SÍ tiene solución. Puede que no lo parezca, puede que usted tenga ganas de desistir… y está todo bien. Pero la invitación está hecha, para que piense que si se da por vencido rápido, el que pierde es usted… sobre todo porque la idea es ver si uno puede dedicarse un rato a imaginar caminos que no son los obvios. Justamente de eso se trata: de hacer "camino al andar". No hay una solución "tipo", porque el problema "no es un problema tipo". Si usted prefiere, es un problema "tonto" que nunca se daría en la vida real. Pero la idea es pensar algo distinto que no sólo sirva para resolverlo, sino para que ese camino ya esté abierto para una futura oportunidad. ¿Cuándo lo va a usar? No lo sabemos, ni usted ni yo. Pero de lo que sí estoy seguro es de que usted estará mejor preparado para vivir cuantas más herramientas intelectuales tenga.

Una cosa más: como sucede casi con la mayoría de los problemas de los que suelo hablar, yo no inventé este problema. Lo más probable es que lo haya leído en alguna parte, o discutido con algunos amigos, colegas o alumnos. De manera tal que el crédito *nunca* me pertenece.

El planteo del problema es muy fácil. Hay una balanza y cinco mujeres. Las mujeres[11] se pesaron de "a dos", en pareja, en todas las combinaciones posibles, y los resultados que se obtuvieron en los diez casos fueron los siguientes (de paso, piense por qué son diez las pesadas posibles):

105, 108, 110, 111, 113, 115, 116, 118, 119 y 121

¿Cuál es el peso de cada una de las mujeres?

Eso es todo. Ahora, lo dejo a usted. Eso sí: si en algún momento piensa que faltan datos, créame que no es así.

(Solución: 184-189)

Problema de los dos misiles

El problema que sigue es muy conocido pero no deja de ser atractivo y una linda oportunidad para entretenerse y pensar, sobre todo para aquellos que no lo habían visto antes. Hay muchas versiones; yo elegí la de Martin Gardner, que me parece una de las mejores. Acá va.

Se tienen dos cohetes que viajan uno hacia el otro. Es decir, uno fue lanzado con la idea de atacar una ciudad, y el otro fue enviado como respuesta instantánea para interceptarlo en el camino. Uno viaja a 12.000 kilómetros por hora y el otro a 24.000 kilómetros por hora. En el momento de salir (y salen ambos al mismo tiempo)

11 No es necesario, pero supongamos que *todas* las mujeres pesan distinto.

están separados por 7.153 kilómetros. SIN usar papel y lápiz (ni calculadora), ¿puede decir a qué distancia estaban uno del otro un minuto antes de estrellarse?

(Solución: 189-190)

Más sobre sombreros[12]

El siguiente problema parece convencional. Es decir: cualquiera que haya pensado en algún momento algún problema que involucre sombreros (blancos y negros) distribuidos entre grupos de personas, pensará que éste es *uno más*.

No. O mejor dicho: sí, es uno más, pero con un ingrediente extra. La solución que yo conozco involucra un aspecto de la matemática que se usa poco (en este tipo de planteos), pero que es decididamente muy útil.

De todas formas, no imagine que hace falta *saber* algo y que si no lo sabe, no podrá resolverlo. Al contrario: la idea, en todo caso, es *descubrir* que uno lo puede resolver solo sin necesidad de haber estudiado matemática... Lo atractivo es que uno detectará después que estuvo haciendo matemática todo el tiempo, mientras pensaba la solución..., pero no se dio cuenta.

Basta de prolegómenos. Acá va.

Hay 20 personas dispuestas en una fila (como si uno estuviera haciendo la cola para comprar entradas en un cine o para asistir a un partido de fútbol). Para fijar las ideas, digamos que cada persona puede *ver* a las que tiene adelante, pero *no* a las que tiene detrás. Cada una de ellas lleva un sombrero que, como es de esperar, puede ser o bien blanco (B) o bien negro (N).

El que está en el lugar 20, entonces, puede ver los sombreros que tienen *todos* los que están delante de él, pero no el propio. El que está ubicado en el lugar 19 ve los colores de los sombreros de *todos* los que tiene adelante (del 1 al 18), salvo el propio y el del vi-

12 Este problema me lo contó (como tantos otros) Gerardo Garbulsky. Si disfrutó al pensarlo, el crédito es para él.

gésimo (que está por detrás de él). Y así siguiendo. De hecho, el primero de la cola *no ve ningún sombrero,* ni siquiera el propio.

Voy a empezar a preguntarle a cada uno de los que están en la fila (empezando por el que está en el lugar 20) de qué color es su sombrero. A medida que me contesten, le pregunto al siguiente, hasta llegar al que está primero. Mientras tanto, nada digo sobre si las respuestas son correctas o incorrectas, pero *todos escuchan todas las respuestas.* El problema consiste en lo siguiente: las veinte personas tienen que diseñar una estrategia que les permita decidir qué color de sombrero tienen...¡y sólo se les permite errar, a lo sumo, *una vez*! Es decir: antes de formar la fila, deben elegir un método (conocido y acordado por todos) de manera tal que, cuando yo les pregunte qué color de sombrero tienen, cada uno pueda contestar acertadamente, admitiéndose *sólo un error en el trayecto.*

¿Se anima? Es momento de dejarlo pensando a usted. Yo me retiro hasta la página de las soluciones, pero hágame caso: no venga rápido. Tiene tiempo. De hecho, si lee la respuesta sin haberlo pensado se perderá una oportunidad de entrenar el cerebro un rato. ¿Por qué habría de hacerlo?

(Solución: 190-193)

Las frentes negras

Hay tres chicos que están dormidos. Llamémoslos A, B y C. Una persona viene y les pinta la frente de negro sin que ellos lo detecten. Los chicos se despiertan y los tres comienzan a reírse, cada uno de los otros dos. Quien ríe supone que su cara está limpia. De pronto, uno deja de reírse y se da cuenta de que *su frente* también está pintada de negro. ¿Cómo lo supo?

(Solución: 193)

Cómo pintar un cubo con dos colores

Una pregunta muy sencilla. Usted tiene un dado (de seis caras, como es usual, pero sin las marcas de los números). Tiene *dos* colores para pintarlo, digamos blanco y negro (B y N). ¿De cuántas formas posibles puede hacerlo? (Se sobreentiende que está permitido *rotar* el dado). Como ve, es un problema muy simple. En todo caso lo que hay que saber hacer es contar.

¿Cuántas formas encontró? Antes de que lea la respuesta me gustaría recorrer con usted un par de caminos.

Uno tiene la tentación, en principio, de decir que, como el dado tiene seis caras y cada cara se puede pintar de dos colores, entonces tendríamos:

$$2 \cdot 2 \cdot 2 \cdot 2 \cdot 2 \cdot 2 = 2^6 = 64 \text{ posibilidades}$$ [13]

Sin embargo, tanto usted como yo sabemos que estas 64 posibles maneras de pintar el dado no son todas distintas. Estamos contando varias veces lo mismo. De hecho, un dado se puede rotar. Se lo puede hacer girar. Y eso reduce muchísimo el número de posibilidades.

¿Quiere pensar de nuevo, entonces?

(Solución: 193-195)

¿Cómo hacer con 2 barriles de 10 litros cada uno para poner 2 litros de leche en dos baldes que almacenan 5 y 4 litros respectivamente?

Para que se entienda mejor, éstos son los datos: por un lado, se tienen 2 barriles que pueden almacenar exactamente 10 litros cada uno. A su vez, se tienen 2 baldes que pueden almacenar 5 y 4 litros respectivamente.

13 ¿De dónde aparece este número? Porque, por ejemplo, si las caras estuvieran numeradas (pongamos del 1 al 6), entonces podríamos pintar la cara número 1 con dos colores, así como la cara número 2, y lo mismo la 3... y así siguiendo hasta llegar a la cara 6. Como en cada caso se abren dos posibilidades, en total tendríamos 64 maneras diferentes, como escribí más arriba.

Supongamos que los 2 barriles están llenos de leche (10 litros en cada uno). Entonces, sin tener ninguna otra forma de medir (salvo los volúmenes mencionados en cada caso), ¿cómo se puede hacer para trasvasar leche de los barriles a los baldes de manera tal que queden exactamente 2 litros en cada balde sin *tirar* leche en ningún momento del proceso?[14] Usted puede tomar la cantidad de leche que necesite de cada barril y verterla donde quiera (mientras haya suficiente lugar). El proceso continúa trasvasando leche en un "ida y vuelta" entre barriles y baldes, y termina cuando en los dos baldes hay *exactamente* 2 litros. Obviamente, en ese momento, la cantidad de leche en los 2 barriles suma 16 litros.

(Solución: 195-196)

Estrategia para trabajar en Microsoft (un problema con bolitas de colores)

El siguiente problema es uno de los más conocidos en el ámbito de las empresas que buscan empleados calificados. De hecho, hace mucho que se dice que la empresa Microsoft fue la primera en proponerlo. Si esta historia es cierta o no, poco importa. De hecho, ahora forma parte del *saber popular.*

Eso sí, me gustaría poder encontrar algún argumento convincente para que no mire la respuesta antes de haber pensado un rato la elaboración. Porque, ¿cuántas oportunidades tiene en la vida de que le pidan que planifique una estrategia para resolver

14 Es decir, al finalizar el proceso la cantidad de leche que tiene que haber sumando lo que hay en cada balde y en cada barril debe seguir siendo 20 litros. Lo interesante sobre este punto es que Manu (Ginóbili), al *testear* los problemas del libro, advirtió que si uno *no pedía* esta hipótesis (que la cantidad de leche al final fuera de 20 litros), entonces había al menos otra solución, que él encontró. Queda entonces planteado un nuevo problema para quien esté interesado, y es éste: resolver lo pedido *pero permitiendo desperdiciar la cantidad de leche* que uno necesite para que al final queden 2 litros en cada balde.

un problema? Más aún: si después de haber pensado mucho, su respuesta no es la óptima… ¿es acaso una frustración sin consuelo?

No, en todo caso, lo único que significa es que usted pensó un rato algo distinto, se entretuvo y encima pudo darse el gusto de elaborar o diseñar un modelo para resolver un problema. Es ni más ni menos que una buena oportunidad para pensar. Acá va el problema.

Hay 100 bolitas (50 rojas y 50 azules) y dos frascos opacos (es decir, no se puede ver lo que contienen). Y digamos que tampoco se puede decidir nada por el *peso* de cada uno. Hay que dividir las bolitas en los dos frascos de cualquier forma que usted quiera, pero con la condición de que toda bolita tiene que estar en alguno de los dos frascos. No se pueden perder en el camino.

El proceso que vamos a usar es el siguiente: usted distribuye las bolitas en los dos frascos y me los entrega. Como no vi lo que usted hizo ni tampoco puedo ver lo que hay dentro de ellos, elijo uno de los dos frascos en forma arbitraria, lo abro, meto la mano y sin mirar selecciono una bolita. Lo que sigue es lo que usted tiene que elaborar: *¿qué estrategia puede diseñar para que la probabilidad de que yo saque una bolita roja sea la máxima?*

O sea, usted tiene que encontrar una forma de distribuir las bolitas en los dos frascos, de manera tal que cuando yo elija una bolita en la forma que describí más arriba, la probabilidad de que sea *roja* sea la más alta posible. Ése es el problema. Nada más.

Lo dejo acá por un rato, pero no venga conmigo. Hay tiempo. No me voy a ninguna parte, queda todo escrito.

Ahora sí, sigo.

Veamos algunos casos para considerar juntos.

Hay que hacer algunas cuentas (como era esperable), porque uno tiene que intentar diferentes distribuciones hasta encontrar cuál es la que parece *óptima*. Pero le pido que no se asuste por las fórmulas. ¡Son sólo multiplicaciones y sumas! Y si decide abandonar acá, se perderá la oportunidad de pensar algo entretenido. Téngame confianza.

Ejemplo 1

Si usted pusiera las 50 bolitas rojas en el frasco 1 y las restantes 50 bolitas (azules) en el frasco 2, ¿cuál es la probabilidad de que yo saque una roja?

La probabilidad se calcula así:

(1/2) · (probabilidad de sacar *roja* en el frasco 1) +
(1/2) · (probabilidad de sacar *roja* en el frasco 2)

O sea,

(1/2) · (50/50) + (1/2) · (0/50) = 1/2

¿Entiende por qué? El factor 1/2 aparece siempre porque eso indica la probabilidad de haber elegido el frasco 1 o el frasco 2.

Por otro lado (50/50) indica que tengo para elegir 50 rojas sobre un total de 50 bolitas, y el número (0/50) marca que no hay bolitas rojas entre las 50 que hay en el frasco 2.

Ejemplo 2

Ahora distribuyamos las bolitas por igual en ambos frascos. Es decir, 25 azules y 25 rojas en cada uno. En este caso, lo invito a pensar. ¿Qué pasaría?

Como se advierte, *no importa qué frasco elija* (ya que los dos contienen la misma configuración de bolitas). O sea, en este caso la probabilidad se calcula así:

(1/2) · (25/50) + (1/2) · (25/50) = (1/4) + (1/4) = (1/2)

Una vez elegido cualquiera de los dos frascos, tengo 25 posibilidades sobre 50 de sacar una bolita roja.[15]

15 Después de estos dos ejemplos, uno deduce que en el caso general, si uno va a poner 50 bolitas en cada frasco, de las cuales *n* van a ser rojas, entonces, la probabilidad de sacar una bolita roja es:
1/2 · n/50 + 1/2 · (50 – n)/50 = 1/2

Ahora bien: estos dos ejemplos que acabo de escribir son *solamente* dos de todas las configuraciones posibles. Y las dos resultan la misma probabilidad: 1/2, es decir, hay 50% de probabilidades de que elija una bolita roja.

Es un buen momento para que usted, con *todos* los datos que tiene ahora, pueda analizar el problema y establecer una estrategia. Y cuando ya no quiera pensar más, o cuando quiera confrontar con lo que yo escribí, siga en el próximo párrafo. Ahí lo espero.

Ideas

El cambio cualitativo se da cuando uno puede permitirse pensar que *no tiene por qué haber la misma cantidad de bolitas en cada frasco*. Veamos.

1. Supongamos que tenemos esta distribución de bolitas:

Frasco 1: 10 rojas y 30 azules
Frasco 2: 40 rojas y 20 azules

La probabilidad de sacar una bolita roja del frasco 1 es 10/40 (ya que hay 10 rojas sobre 40 posibles) y la probabilidad de sacar una bolita roja del frasco 2 es 40/60 (ya que hay 40 rojas sobre 60 posibles).

Por otro lado, como las chances de elegir cualquiera de los dos frascos es la misma (50% en cada caso), en términos de probabilidades eso quiere decir que la probabilidad de elegir el frasco 1 y el frasco 2 es la misma: 1/2.

Ahora bien, con estos datos, ¿cuál es la probabilidad *total* de sacar una bolita roja? Esa probabilidad se calcula así:

(1/2) · (probabilidad de sacar roja del frasco 1) +
(1/2) · (probabilidad de sacar roja del frasco 2)

En este caso, es:

(1/2) · (10/40) + (1/2) · (40/60) = (1/2) · (1/4) + (1/2) · (2/3) = 0,45833...

donde se combina la probabilidad de elegir cada frasco con la probabilidad de sacar una bolita *roja* del frasco seleccionado.

2. Fíjese si puede contestar esta pregunta: si *todas* las bolitas estuvieran en uno de los dos frascos, digamos el 1, ¿cuál es la probabilidad de sacar una bolita roja? (No se apure. Si contestó 1/2, la respuesta es equivocada... Piense otra vez.)

Es que 1/2 estaría bien si hubiera *un solo frasco*. Entonces sí, las 100 bolitas estarían en el único frasco, y como hay 100 y 50 son rojas, la probabilidad sería de 1/2 (ya que habría 50 chances a favor sobre 100 posibles). ¡Pero *no hay un solo frasco*! ¡Hay dos!

Entonces, considerando lo que figura en la sección anterior, el cálculo que hay que hacer es el siguiente:

(1/2) · (50/100) + (1/2) · 0 = (1/2) · (1/2) + 0 = 1/4

En este resultado (1/4) se advierte la incidencia de que uno no sepa a priori cuál de los dos frascos voy a elegir. Por eso, la probabilidad *total* de sacar una bolita *roja* en el caso en que *todas* estén en el frasco 1 es 1/4 y no 1/2, como uno podría suponer en principio.

Propuesta final

Una última idea para pensar una estrategia. ¿Qué pasaría si pusiera 25 bolitas rojas en el frasco 1 y el resto de bolitas en el frasco 2?

Esto significa que, si el frasco elegido es el número 1, entonces seguro que la bolita elegida será roja. En cambio, si el frasco elegido es el 2, a diferencia de lo que sucedía antes, *¡ahora aparecen posibilidades de que sea roja también!*

En este caso, la probabilidad se calcula así:

(1/2) · (25/25) + (1/2) · (25/75) = (1/2) + (1/2) · (1/3) = 2/3

O sea, aproximadamente un 66,67% de posibilidades. Con esto hemos mejorado muchísimo el 50% que había en los ejemplos anteriores.

Pero este ejemplo enseña no sólo que uno puede *mejorar* el 50% de posibilidades que tenía originariamente, sino que también invita a pensar: ¿para qué quiero tener 25 bolitas rojas en el frasco 1? ¿Por qué no dejo *menos bolitas rojas* en ese frasco? Si disminuyo las bolitas rojas del frasco 1 (pero siempre dejando *sólo rojas*) y aumento la cantidad de las rojas en el frasco 2, entonces AUMENTO la probabilidad de sacar una bolita roja del frasco 2 y *no altero* la *seguridad que tengo de sacar roja* del frasco 1.

Y ésta es la última pausa. Lea bien la frase anterior y deduzca entonces qué es lo que más conviene hacer.

(Solución: 196-197)

Problema de lógica: A, 5, D y 2

¿Cuántas veces ha escuchado que los jóvenes hoy leen un texto pero no pueden comprenderlo? O más aún: ¿cuántas veces pensó usted precisamente eso? En todo caso, siempre es más fácil descubrirlo o detectarlo en *los otros* antes que verlo en uno mismo.

El siguiente problema es sólo un problema de lógica. Es decir, lo único que hace falta es pensar. Nada más. Yo le doy los datos.

a) Se tienen cuatro cartas.
b) Todas las cartas tienen, de un lado, una letra, y del otro, un número.
c) Las cartas van a estar apoyadas sobre una mesa y usted sólo podrá ver o el número o la letra que tienen.

El problema consiste en lo siguiente: una vez que vea las cartas, tiene que decir cuál es el número *mínimo* de pasos que hay que dar para *confirmar o refutar* la siguiente afirmación:

> Si una carta tiene de un lado la letra D, entonces,
> del otro lado hay un número 5.

Eso es todo. No hay trampas, no hay nada escondido. Todo lo que tiene que hacer es mirar las cartas y pensar qué es lo (mínimo) que debería hacer para poder confirmar o refutar que detrás de cada letra D hay un número 5.

Las cartas, así como usted las ve sobre la mesa, son las siguientes:

> **D, 2, A y 5**

Ahora le toca a usted. Sólo le pido que *lea* bien el problema y que ponga a prueba *su* capacidad deductiva.

(Solución: 197-198)

Cien monedas, diez "caras": el desafío[16]

El siguiente problema es uno de los más lindos que conocí para testearse personalmente. Téngame confianza: lea el enunciado pero *no lea* la solución. Tómese un tiempo. Llévelo con usted. Al principio le va a parecer imposible de resolver. Y después, cuando haya encontrado la solución, va a pensar: "¿cómo puede ser que no se me haya ocurrido antes?".

Por otro lado, aunque ya sea redundante en estas páginas, créame que *no hay trampa*, no hay *nada* que usted no pueda hacer ni entender. Sólo hace falta *pensar*. Y disfrutar al hacerlo, por supuesto. Acá va.

Hay 100 monedas apoyadas en una mesa. De ellas, 10 son "caras". Las otras 90 son "cecas". Las monedas son todas iguales, salvo que hay 10 apoyadas de una forma, y las restantes, de la otra.

16 El problema fue planteado por C. E. Mungan, en el otoño de 2005, pero creo que ya ha circulado por tantos lugares que ni siquiera estoy seguro de que fuera él el primero en plantearlo. Eso ya no importa. Lo único que no quiero es quedarme con un crédito que no me corresponde.

Ahora, le voy a tapar los ojos con un pañuelo. Revuelvo las monedas para que usted no pueda recordar ni saber dónde estaban unas y otras (caras y cecas). El problema a resolver es el siguiente: tiene que separar las monedas en dos grupos –no necesariamente iguales– de manera tal que quede el mismo número de "caras" en los dos grupos. Está permitido dar vuelta las monedas (siempre sin *mirar*) tantas veces como uno quiera, de cualquiera de los dos grupos. Pero lo que tiene que garantizar es que, cuando termine el proceso, haya tantas "caras" en un grupo como en el otro.[17]

Ahora, lo dejo a usted. Le anticipo de todas maneras que, aunque no parezca posible (sin "espiar" o "hacer trampa"), el problema tiene solución. Eso sí: es muy poco probable que a uno se le ocurra de entrada, pero, como escribí más arriba, tiene una solución sencilla y al alcance de todos.

(Solución: 199-200)

Matemágica para mostrar cómo hacen los magos un truco con cartas[18]

Quiero proponer un truco que los magos hacen con un mazo de cartas. Voy a hacer lo siguiente: voy a describir el truco y, luego, usted podrá pensar cómo se resuelve. Lo planteo aquí porque tiene relación con lo que vimos recién del problema de las monedas, pero además me parece que vale la pena descubrir cómo hacen los magos para ejecutarlo sin fallas.[19]

17 Note que el problema dice que el objetivo es que al final haya el mismo número de *caras* en un grupo que en el otro, pero no hace falta que sean 10, como había al principio.

18 Descubrí este método de usar el ejemplo de las monedas en un artículo que escribió Martin Gardner en una de sus columnas en la revista *Scientific American*. De hecho, entonces, el crédito es *todo* para él.

19 Este problema y el anterior, el de las 100 monedas, son *exactamente* el mismo presentado de dos formas distintas. Sería interesante que usted, después de haberlos leído, advierta que no sólo son *similares* sino que son *el mismo problema*. Justamente, haber resuelto cualquie-

Un mago elige un espectador de la sala. Lo invita a sentarse a la mesa enfrente de él. Sobre la mesa hay un mantel opaco que la cubre y no permite ver qué pasa debajo de ella. El mago le muestra al público (y a la persona que tiene sentada enfrente) que sobre la mesa hay un mazo de 40 cartas españolas (las que se usan para jugar al truco o a la escoba de 15).

Todas las cartas están boca abajo (o sea, sin que se vea el número que tienen). El mago mezcla bien, elige las 10 primeras y las da vuelta. Las deja en el mazo, pero ahora es posible ver el número en cada una de estas 10 cartas.

Luego, le ofrece el mazo al espectador y le pide que las mezcle, pero sin alterar la posición que tienen, es decir, las que están boca arriba deben quedar así, y las 30 restantes, *boca abajo*. La diferencia es que ahora *quedaron intercaladas* al azar en el mazo.

El mago le dice entonces que ponga las cartas debajo de la mesa y que elija 10 al azar y se las entregue. El espectador obedece. Selecciona 10 cartas cualesquiera y se las pasa al mago (siempre sin que ninguno de los dos pueda ver lo que está sucediendo). Una vez completado este procedimiento, el espectador tiene en sus manos 30 cartas y el mago, 10. Ambos las sostienen debajo de la mesa.

El mago le dice: "De las 10 cartas que me pasó, ni usted ni yo sabemos cuántas hay *boca arriba* y cuántas hay *boca abajo*. Con todo, como yo tengo 10 y usted tiene 30, lo más probable es que usted tenga más cartas *boca arriba* que yo. Por eso, déjeme manipular las cartas un poquito".

El público y el espectador ven que el mago hace algunos movimientos con sus brazos e intuyen que está haciendo "algo" con las cartas. Enseguida el mago coloca las 10 cartas que tiene sobre la mesa. Separa las que están boca arriba y las cuenta.

---

ra de los dos implica que el otro estará resuelto también. Más aún: si estuviera en algún lugar con usted, le propondría que entre los dos imaginemos *otra adaptación* de lo mismo y fabriquemos una nueva versión, para ponerla a prueba con algún grupo de personas. ¿Por qué no aprovecha y lo hace usted sola/solo?

Le pide ahora al espectador que ponga arriba de la mesa sus 30 cartas y le dice que cuente cuántas están boca arriba.

Para sorpresa de todos, *ambos,* el mago y el espectador, tienen el mismo número de cartas boca arriba. ¿Cómo hizo? ¿Cómo se hace?

Créame que lo más interesante de todo es poder dedicarse un rato a pensar qué es lo que haría usted. No hay trampas (obviamente), nadie puede "detectar con el tacto" qué cartas están boca arriba o al revés. La mesa no es transparente, y no hay ninguna persona debajo de ella.

Ahora, les toca a ustedes dos: a usted y... al problema.

(Solución: 200-201)

Tarjeta de embarque

El problema que sigue es realmente precioso. Es muy fácil de entender, entretenido para pensar, tiene múltiples variantes lógicas para analizar y un desenlace, creo, inesperado. Más aún, mientras uno lo piensa, pasa por distintos estados: frustración, duda, desánimo, satisfacción. El orden en que aparecen dependerá de cada individuo, y aparecen (los estados) repetidas veces. Es decir, tiene todos los condimentos para que sea muy atractivo y, por si esto fuera poco, es también "hacer matemática".

Ahora sí, el problema.

Supongamos que uno llega a un aeropuerto y está a punto de viajar en un avión que puede llevar 100 pasajeros. Los pasajes están *todos* vendidos y, por lo tanto, *todos* los asientos están asignados.

Para hacerlo más sencillo, piense que todos los asientos tienen un número (que van del 1 al 100) y que cada persona tiene en la mano una tarjeta de embarque con alguno de esos 100 números que corresponde al asiento que tiene asignado.

Los pasajeros van a ingresar al avión ordenados. Por ejemplo, el pasajero número 1 (el primero en entrar) se sienta en el asiento P_1 (que es el que le correspondió en la distribución), el número 2 se sienta en el asiento P_2, el número 3, en el asiento P_3, y así siguiendo. De esta forma, cuando entre el pasajero número 100 (el último en subir) tiene que quedar *un solo asiento vacío: el* P_{100}.

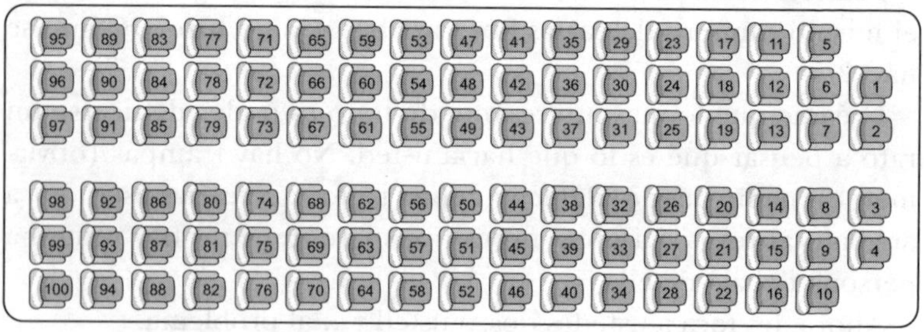

Sin embargo, cuando estaban a punto de embarcar, se produce una dificultad: el pasajero número 1 *¡perdió su tarjeta de embarque!* Por lo tanto, no sabe qué asiento le habían asignado.

La gente de la compañía aérea toma una decisión apurada para no tener que revisar todo. Le dice a este primer pasajero que suba al avión y elija cualquier asiento (a esa altura, están todos vacíos). Y les explica a *los restantes pasajeros* que, como hubo un problema con la distribución de los asientos, al ingresar en el avión vayan al asiento que tienen asignado. Si está libre, *tienen* que ocuparlo (como es esperable por otro lado), pero si estuviera ocupado, pueden sentarse en cualquier otro asiento libre.

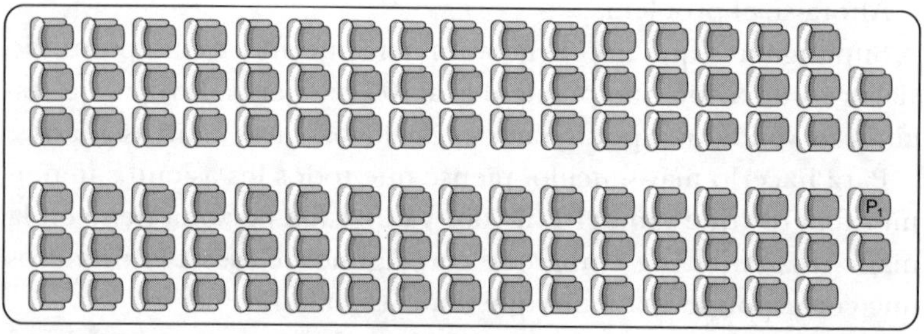

Como se advierte, entonces, los pasajeros pueden sentarse de muchas formas posibles. Imagine ahora al último pasajero, el número 100. Imagínelo caminando por el pasillo en busca de *su* lugar. En algunas situaciones va a encontrar *su* lugar ocupado por otro pasajero. En otras ocasiones, *su* asiento estará libre. La pregunta entonces es: ¿en qué porcentaje de *todas* las distribuciones posibles este pasajero número 100 encontrará su asiento vacío y se podrá sentar en él?

Es decir, si uno pudiera contar *todas* las formas posibles de sentarse (con las reglas establecidas más arriba), ¿en qué proporción el último pasajero podrá estar ubicado en el asiento que tiene marcado en su tarjeta?

> **Nota:** Antes de pensarlo, le propongo que *relea* el enunciado, hasta asegurarse de que entiende qué hay que contestar. Después, le sugiero que durante un rato se siente con un papel, lapicera y tiempo, para hacer algunos "garabatos" e imaginar cómo podría "graficar" la situación que se plantea (el interior del avión, la distribución de los asientos, etcétera).

(Solución: 201-206)

Problemas gödelianos

Le propongo un desafío que podría sintetizarse en la pregunta: usted, ¿qué diría? Supongamos que pongo sobre una mesa dos objetos:

a) Una moneda de un peso.
b) Un televisor plasma de última generación.

Entonces, el desafío (sí, a usted que está leyendo) es éste: lo invito a que piense y haga una afirmación cualquiera. De lo que usted afirme dependerá lo que yo haga con la moneda y/o con el televisor.

Si la frase que me dice es "verdadera", entonces le prometo que le doy alguna de las cosas que están sobre la mesa, pero no le digo cuál de las dos.

En cambio, si lo que me dice es falso, entonces no le doy nada. Ése es el planteo del problema. Sencillo y fácil de entender.

Las preguntas que surgen inmediatamente son las siguientes (al menos, las que se me ocurren a mí):

a) ¿Habrá alguna afirmación que usted pueda hacer que me obligue a darle el televisor? O sea, ¿existirá *tal* frase?
b) Si la respuesta fuera sí, ¿cuál es? Es decir, ¿qué podría decir usted de manera tal que, para que yo *pueda* mantener mi palabra, no me quede más remedio que darle el televisor?

Antes de dejarlo pensando, le comento que, como siempre, *no hay trampas, no hay nada escondido*. Se trata de un problema de lógica. Nada más. Nada menos.

(Solución: 206-207)

Atentado contra la intuición: 3 monedas (una normal, una con 2 caras y otra con 2 cecas)

Una manera interesante de entrenar el cerebro es enfrentarlo con situaciones a las que no está acostumbrado. Es decir, pensar algo que lo desafíe. Por supuesto, uno tiene –en general– pereza frente a esto, porque en definitiva es una inversión cuya renta es difícil de visualizar hoy. ¿Para qué ocupar el tiempo en algo cuyo beneficio no es tangible? Y se pueden dar muchos argumentos a favor de NO hacerlo.

Pero también, como todo *ahorro o inversión,* uno lo hace no tanto pensando en el presente como en el futuro. De esa forma, se podría contraargumentar diciendo que ese futuro llegará inexorablemente, que más vale estar preparado con las mejores herramientas posibles.

Es razonable que, cuando uno *aprendió* a pensar de una determinada manera, cuando ya estableció una zona de confort, no quiera moverse. "¿Para qué?, si acá estoy bien". Y es probable que sea cierto, pero ciertamente acota las posibilidades de progresar, de desarrollar lo que uno tiene y no advierte: la capacidad para intuir mejor, para razonar mejor.

Toda esta introducción tiene como objetivo plantearle un desafío. Lo invito a que lea lo que sigue, y piense la respuesta. Si no tiene tiempo, no lo haga ahora. Resérveselo para más adelante. Obviamente no hay ninguna cota de tiempo para hacerlo, sólo que vale la pena conservarlo en la cabeza hasta que uno se sienta seguro de que encontró la solución. Y en todo caso, después la discutimos.

Lo que sí puedo anticipar son dos cosas:

a) Atenta contra la intuición. Es "casi" seguro que lo primero que se le ocurrirá como solución no va a ser lo correcto.
b) Para poder convencerse luego de que la solución que uno pensó inicialmente *es equivocada* hay que *mirar el problema desde otro lado.* Y de eso se trata: de ser capaz de ver las cosas desde otro lugar.

Acá va.

Uno tiene 3 monedas (digamos de 1 peso, para fijar las ideas), en apariencia iguales. Sin embargo *son las tres distintas.*

- Una es una moneda común.
- La segunda tiene *cara* en los dos lados.
- La tercera tiene *ceca* en los dos lados.

Uno elige (sin mirar) una de las tres y la arroja al aire. Cuando cae, observa que salió *cara.*

La pregunta es: ¿cuál es la probabilidad de que del otro lado haya *otra cara*?

Como se dará cuenta, el problema es muy sencillo de plantear, pero de todas formas le sugiero que lo lea nuevamente como para que nos quedemos tranquilos (usted y yo) de que entendió lo que se pregunta.

Antes de escribir la solución, advierta que los datos son las 3 monedas distintas, y que al haber elegido una al azar y tirarla al aire, salió *cara.* Eso es todo. Lo que se quiere averiguar es: ¿cuál es la probabilidad de que del otro lado de esa moneda haya también otra *cara*?

Ahora sí, lo dejo con *usted mismo.*

(Solución: 208-211)

¿Qué pasa si uno agranda una soga que enrolla la Tierra?

En el afán de mostrar que uno suele sentirse cómodo al realizar *estimaciones* con objetos manejables o de uso común en nuestra vida cotidiana, quiero presentar ahora un problema interesante. Supongamos que la Tierra fuera una esfera perfecta. No lo es, pero supongámoslo a los fines de lo que quiero hacer.

Supongamos también que uno tiene una *soga* lo suficientemente larga como para poder enrollarla alrededor del ecuador de la Tierra. Claro, sería una soga muy larga. Pero no importaría en este contexto.

Piensen en el siguiente problema, entonces: tenemos la soga y la usamos para *enrollarla* alrededor del ecuador, pero yo quisiera ahora levantarla del nivel del piso hasta que alcance los 2 metros de altura en toda la vuelta. Obviamente, con el tamaño de soga que tenemos, no se puede. Hace falta conseguir más soga. Sí, ¿pero cuánto más?

O sea, la pregunta concretamente es: "Si ya tengo la cantidad de soga suficiente como para rodear la Tierra por el ecuador, pero quisiera levantarla del piso 2 metros, ¿cuántos metros o kilómetros más de soga tengo que conseguir? No se trata de dar una respuesta perfecta ni exacta. Se trata de realizar una estimación. ¿Cuánta soga hace falta? ¿Diez metros más? ¿Diez kilómetros? ¿Mil kilómetros? ¿Cuántos más?

Un dato que –quizá– le haga falta es recordar que, si uno tiene una circunferencia cualquiera y quiere calcular el *perímetro o la longitud,* la fórmula para calcularlos es:

$$\mathbf{L = 2\,\pi\,R = \pi\,D}$$

donde tomamos como π a la constante cuyo valor es, aproximadamente, 3,14159 o 3,1416,[20] R es el radio de la circunferencia en cuestión, y D el diámetro de la circunferencia.

Como siempre, lo invito a pensar a partir de este planteo. Si lee la solución sin haber pensado nada antes, se privará de disfrutar. No tiene nada de malo ser masoquista, pero ¿por qué no permitirse un placer de vez en cuando? No, más allá de la broma, vale la pena reflexionar sobre el problema un rato.

(Solución: 212-213)

Problema de los misioneros

Quiero incluir un problema de los muchos que ideó y/o recopiló Leonard Echagüe.[21] Como reconocimiento a su obra (y a todos los que colaboraron con él) elegí un problema de lógica para pensar.

Para resolver el problema hay que elaborar una estrategia. Justamente, se trata *sólo* de eso. Ser capaz de pensar uno mismo qué hacer. Lo valioso es dedicarle un rato, y fantasear sobre distintas situaciones. En todo caso, si cree que está por romper el papel, no busque aún la solución. Tómese más tiempo. Es una buena oportunidad para permitirse coexistir con una dificultad en lugar de tratar de superarla en el primer intento.

Acá va. Hay 3 misioneros y 3 caníbales en una costa, y deben cruzar un río (como se ve en el dibujo). Como los caníbales pueden

20 Con toda razón, Gerardo Garbulsky me apunta que, para la *estimación* que quiero hacer, no hace falta considerar al número π con tantos decimales. En realidad, bastaría considerar que o bien π es igual a 3, o alcanzaría con suponer que es $\pi = 3{,}14$.

21 Leonard Echagüe es el responsable del Museo de Ciencias Matemáticas, cuya sede está en la Ciudad Universitaria de la Ciudad de Buenos Aires. Este problema está extraído de la página de Leonard en la Facultad de Ciencias Exactas y Naturales de la UBA: http://www.fcen.uba.ar/museomat. Quiero aprovechar para recomendar muy fervientemente esta página web. Allí van a encontrar muchísimos problemas y curiosidades que involucran a la matemática, pero, además, es un "paseo divertido".

tentarse, tienen que cruzar todos, pero nunca puede haber más caníbales que misioneros en ninguna de las costas. Además, cuentan con una única canoa que pueden usar sólo 2 personas.

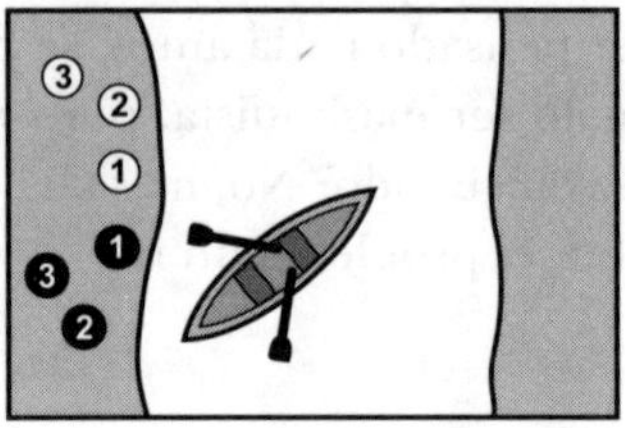

¿Cómo tienen que hacer los misioneros para cruzar de costa sin que un caníbal se los coma en el camino?

(Solución: 213-215)

La torre de Hanoi

Hay 3 mástiles cilíndricos apoyados sobre una superficie plana. Hay, a su vez, un número finito de discos, todos de radios distintos (como los que se usan para levantar pesas), con un agujero circular en el medio. Todos los discos tienen en el medio el mismo agujero y esta abertura les permite *insertarse* en los mástiles, como si uno estuviera enhebrando dijes en un collar (como en la figura).

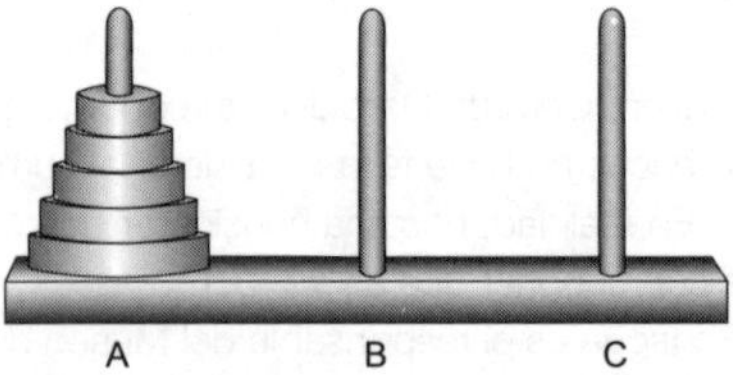

Supongamos que uno tiene n discos que están atravesados por uno de los mástiles. Los discos están apoyados unos encima de otros, pero con la particularidad de que el que está abajo de todos es el de radio más grande, y así siguen ordenados hacia arriba, en forma decreciente.

Los otros 2 mástiles no tienen discos. Entonces, se pretende *pasar*, de a uno por vez, todos los discos de un mástil a cualquiera de los otros dos que están vacíos usando el mínimo número de pasos, con la siguiente condición: no puede haber un disco de radio más grande apoyado sobre uno de radio más chico. O sea, nunca puede haber sobre un disco *otro* de radio mayor. Por supuesto, el objetivo es que todos los discos que antes estaban ubicados correctamente en el mástil *A*, ahora estén ubicados de la misma forma, pero en el mástil *B*.

Se trata de encontrar el mínimo número de pasos necesarios para conseguirlo y una fórmula que permita calcularlo cuando uno tiene *n* cantidad de discos.

Voy a nombrar los mástiles con las letras *A*, *B* y *C*. Por otro lado, voy a llamar $P(n)$ al número de pasos mínimos que hacen falta para pasar los *n* discos de *A* a *B*.

Supongamos que uno tiene un solo disco. En ese caso $n = 1$, por lo que se advierte claramente que con un paso alcanza. Basta pasar ese disco de un mástil al otro. O sea:

n = 1 *implica* P(1) = 1

Supongamos ahora que uno tiene $n = 2$ (o sea, 2 discos). Están los 2 en el mástil *A*, con el de radio menor arriba y el de radio mayor abajo. Queremos pasar los 2 al mástil B, ordenados de la misma forma.

Uno puede razonar así: no queda más remedio que tomar el primer disco, el más pequeño, y moverlo del mástil *A* al mástil *C*. No lo pasamos del mástil *A* al *B* porque no vamos a poder pasar el disco de radio más grande hacia *B* sin remover primero el disco más chico que pusimos en *B*. Y estamos desperdiciando pasos. Por eso es que no queda más remedio que empezar con el disco de radio más chico. Y lo pasamos de *A* hacia *C*. Usamos ahí un paso. Ahora bien: nos queda libre el disco más grande para pasarlo de *A* hacia *B*. Usamos un segundo paso. Ahora, tenemos el más chico en *C* y el más grande en *B*. Todo lo que necesitamos hacer para terminar el proceso es pasar el que está en *C* (el más chico) al mástil *B* (que tiene el grande). Esto consume un tercer paso.

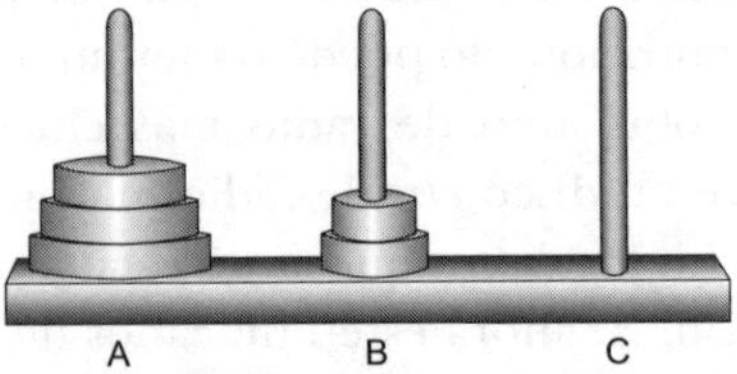

Y ahora, el problema está concluido: los 2 discos están en el mástil en el que deben estar (el *B*) y ordenados de la forma que queríamos (el más grande abajo). Y nunca violamos la regla de poner el más grande encima del más chico.

En resumen: si $n = 2$, entonces el número de pasos mínimos es 3. Es decir:

P(2) = 3 (*)

Ahora supongamos que se tienen 3 discos. Le propongo que preste atención a la frase que sigue: "No importa lo que hagamos durante el proceso, pero en el momento de llegar al último disco, el de radio más grande, para poder moverlo vamos a necesitar que esté vacío el mástil donde debemos colocarlo (si no, lo estaríamos ubicando encima de discos de radio más chico y violaríamos las reglas)". Por lo tanto, lo que nos conviene hacer es mover los 2 discos de arriba de alguna forma de modo que, al finalizar el proceso, quede libre el mástil *B* para poder colocar allí el de radio más grande.

Entonces, los otros 2 van a tener que estar en el mástil *C* y ordenados de manera tal que el de radio mediano y el de radio más chico estén bien ubicados: el más chico arriba del de radio mediano.

Recién ahí podremos mover el de radio más grande, que quedó en el mástil *A*, y pasarlo a *B*. Pero antes de hacerlo observe que será necesario mover los 2 de arriba y pasarlos de *A* a *C*. Y que el mínimo número de pasos para mover 2 discos respetando las reglas es $P(2)$. Ahora, volvemos adonde estábamos: pasamos el de radio más grande del mástil A al mástil B. O sea, usamos un paso más, y hasta aquí tenemos: $P(2) + 1$.

La situación ahora es la siguiente: tenemos el más grande de todos en B, como queremos. Pero tenemos los otros 2 en C y los queremos pasar a B (respetando las reglas, claro). Y ya sabemos que el mínimo número de pasos para pasar estos 2 discos de C a B es $P(2)$.

En ese caso, tendremos:

$$\mathbf{P\,(3) = P(2) + 1 + P(2) = 2 \cdot P(2) + 1}$$

Si recordamos que por la fórmula (*) sabíamos que $P(2) = 3$, resulta entonces que:

$$\mathbf{P(3) = 7}$$

En resumen, si $n = 3$, entonces el número mínimo de pasos es:

$$\mathbf{P(3) = 7} \qquad (**)$$

Si ahora tuviéramos $n = 4$, o sea, se tienen 4 discos ubicados en el mástil A de manera "correcta" (es decir, en orden decreciente de acuerdo con el radio), y queremos calcular $P(4)$ (que mide el mínimo número de pasos necesarios para pasarlos al mástil B cumpliendo las reglas), podríamos aprovechar la experiencia anterior y hacer lo siguiente:

> Pasar primero los 3 discos de arriba, del mástil A al mástil C. Para esto hay $P(3)$ pasos. (Este paso es inexorable, porque es la única manera de poder mover el disco de radio más grande, que está en la base de A, para pasarlo a B.) Ahora, pasamos el disco de radio más grande que quedó en A y lo llevamos a B. Tenemos, hasta aquí, un paso más: $P(3) + 1$.
> Y ahora tenemos que volver a pasar los 3 discos que están en C, y llevarlos a B, respetando las reglas. Para esto, sabemos

que hay otra vez $P(3)$ pasos involucrados. Sumados a los $P(3) + 1$ que ya teníamos, y nos da el siguiente resultado:

$$\mathbf{P(4) = P(3) + 1 + P(3) = 2 \cdot P(3) + 1}$$

En resumen: si $n = 4$, entonces el número mínimo de pasos es

$$\mathbf{P(4) = 15} \qquad (***)$$

Una vez hecho este análisis para los primeros cuatro casos, o sea, cuando uno tiene 4 discos, lo invito a reflexionar cómo hacer en el caso general, cuando uno tiene *n* discos.

(Solución: 215-218)

400 kilómetros en 4 horas. ¿Hay alguna hora privilegiada?

Lea el problema que sigue, piénselo un ratito y antes de avanzar en la búsqueda de la solución (juntos), le voy a proponer una suerte de "juego intelectual".

Dice así. Uno sabe que un auto recorrió 400 kilómetros en 4 horas. Por ejemplo, viajó del centro de la ciudad de Buenos Aires a Mar del Plata exactamente en 4 horas. Por supuesto, si a uno le preguntaran: ¿cuál fue la velocidad promedio?, contestaría –casi– sin dudar: 100 kilómetros por hora.

Pero uno entiende que el hecho de que la velocidad promedio haya sido 100 kilómetros por hora *no significa* que el auto haya ido *todo el tiempo* a esa velocidad. Habrá habido momentos en los que anduvo más despacio, pero entonces tuvo que haber momentos en los que *viajó más rápido* que a 100 kilómetros por hora.

No importa cómo hizo el recorrido. Se sabe que tardó 4 horas en cubrir los 400 kilómetros. Pudo haber parado, acelerado, frenado… no interesa. En cualquier caso, lo invito a pensar lo siguiente: tiene que haber habido un período de *una hora* en que el auto recorrió *exactamente 100 kilómetros.* Lo digo de otra forma: uno sabe que el auto recorrió 400 kilómetros en 4 horas. También sabe que eso *no* significa que el auto avanzó exactamente a 100 kilómetros por hora durante *todo* el tiempo. Lo que hay que demostrar es que, sin embargo, tuvo que haber al menos *una* hora durante el viaje en la que el auto recorrió *exactamente* 100 kilómetros.

Ahora lo dejo pensar a usted. Le sugiero que, más allá de leer la solución (cosa que intuyo va a hacer, aunque sólo sea para comprobar si lo que pensó coincide con lo que pensé yo), relea el problema. Disfrute de *entender* lo que dice. Porque, para poder buscarle una solución, lo primero que uno tiene que hacer es *estar seguro* de que entendió lo que hay que resolver.

(Solución: 219-225)

Más sobre sombreros

En el tomo 1 de esta misma serie, *Matemática... ¿estás ahí?*, planteé un problema en la página 164 (la solución, en p. 227), que llamé "Sombreros (2): sobre cómo mejorar una estrategia". Decía así:

> Supongamos que hay tres reclusos en una cárcel: A, B y C. El director decidió premiarlos por buena conducta. Pero también quiso poner a prueba la capacidad de deducción que los tres pudieran tener. Y les propuso entonces lo siguiente. Los convocó a los tres en una habitación y les dijo:
>
> —Como ven, tengo aquí una pila de sombreros blancos y otra de sombreros negros —mientras con su dedo apuntaba hacia dos hileras verticales de sombreros de esos colores.
>
> —Yo voy a elegir un sombrero para cada uno. Se los voy a dar sin que ustedes puedan ver de qué color es el que les tocó, pero sí podrán ver el de los otros dos. Una vez que haya hecho la distribución, voy a preguntarles, uno por uno, qué color de sombrero tienen. Y ustedes tendrán que elegir o bien blanco o bien negro. Pueden optar por no contestar, y, en ese caso, pasan. De todas formas, para

que queden en libertad los tres hace falta que ninguno de los tres entregue una respuesta equivocada. Pueden pasar dos, pero entonces el restante tiene que elegir: blanco o negro. Si alguno de los tres se equivoca, no hay libertad para ninguno. Pero basta una respuesta correcta y ninguna incorrecta para que los tres salgan en libertad. Les voy a mostrar una estrategia para resolver el problema. Y es la siguiente: A y B, al ser consultados, pasan. Y C elige una posibilidad cualquiera. Luego, tiene la mitad de posibilidades de acertar (50%).

Esta estrategia, entonces, conduce a la libertad en un 50% de los casos. La pregunta es: ¿existe alguna estrategia que mejore ésta?

—Ustedes —les dijo a los presos— pueden planificar la estrategia que quieran. Pero no podrán conversar en el momento en que yo distribuya los sombreros.

En el Episodio 1 hay una solución que permite llegar al 75% de probabilidades de acertar. Recibí muchísimas cartas y mensajes sugiriendo estrategias que mejoraban ese porcentaje. Por razones obvias, no puedo mencionar a todos lo que escribieron, pero vaya en estas líneas mi gratitud por hacerlo y, sobre todo, por haber *pensado* el problema *más allá* de la solución que yo proponía. Sin embargo, *todos los que mejoran* el porcentaje *incluyen* un dato que no figura en el enunciado, y es que cada uno de los participantes que contesta *escucha* lo que van diciendo los otros. Por lo tanto, convirtieron el problema original en *otro.*

Lo que propongo en este caso, entonces, es que quien esté leyendo esta parte del libro piense por su cuenta si puede elaborar una estrategia que mejore el 75%, pero con el *agregado* de que cada uno de los presos que va contestando *escucha* lo que dice el anterior (salvo el primero, claro está). Le sugiero que primero piense usted y recién después lea la solución.

(Solución: 225-228)

Cuatro cachorros y la revista *Parade*

La revista *Parade* fue fundada en 1941. Se publica en Nueva York y se encuentra entre los diarios más importantes de los Estados Unidos (*Boston Globe, Los Angeles Times, Houston Chronicle, San Francisco Chronicle, New York Post, The Philadelphia Inquirer, Chicago Tribune,* por poner *sólo* algunos ejemplos).

Cada domingo, la tirada es de 32 millones de ejemplares. Se calcula que la leen alrededor de 71 millones de personas, de las cuales el 52% son mujeres y el 48% son hombres (datos que provee la editorial que la publica, al 10 de junio de 2008). Hace casi once años, el 10 de agosto de 1997, los editores de la revista vieron una oportunidad para hacer una pregunta sobre probabilidades que, supusieron, podía interesar a los lectores. La respuesta fue increíble, sobre todo porque la mayoría no estaba de acuerdo con la respuesta.

La persona que se dedicaba (y se dedica aún) a hacer los planteos (y responderlos) es la famosa Marilyn vos Savant (nacida en St. Louis, Estados Unidos, en agosto de 1946). Y digo famosa porque *se dice* que Marilyn es la mujer con más alto IQ (o coeficiente intelectual) y por esa razón apareció en el libro *Guinness* de récords.

Yo no creo en los IQ ni en los coeficientes intelectuales, y menos en las comparaciones que de ellos pudieran surgir, pero independientemente de eso, quiero reproducir el problema que se publicó en la revista e invitarlo a pensar su solución.

El planteo es muy sencillo (y la solución, aunque sorprendente, también). Supongamos que una perra da a luz 4 cachorros. Van saliendo de a uno por vez. ¿Es más probable que nazcan 2 machos y 2 hembras, o que salgan 3 de un sexo y 1 del otro?

Ahora (como siempre), le toca a usted.

(Solución: 228-230)

Tres puntos con el mismo color

Los problemas que invitan a pensar una estrategia son siempre divertidos. Por supuesto, no hay una regla general ni una manera *se-*

gura de llegar a destino. Pero, como siempre, el interés pasa por *buscar* el camino conducente. En este caso, quiero elegir un problema que me planteó Juan Carlos Pedraza, quien está a cargo del área de Matemática del CBC (el Ciclo Básico Común de la Universidad de Buenos Aires). Juan Carlos es matemático, una extraordinaria persona y, sobre todo, está muy comprometido con la tarea de contribuir para que esta ciencia (la matemática) sea más disfrutable.

Se trata de lo siguiente. Tome una hoja de papel cualquiera. Uno puede suponer que, aunque no los vea, esta hoja está compuesta por muchísimos puntos (si prefiere, puede pensar que hay *infinitos puntos*) que –en principio– son todos blancos. Sin embargo, suponga que esos puntos pueden estar no sólo *pintados* de blanco (B), sino también de negro (N).

Se trata de mostrar que no importa cómo estén pintados los puntos, siempre se puede fabricar un triángulo equilátero (o sea, que tenga los tres lados iguales), cuyos *vértices* sean puntos pintados del mismo color.

Es decir, cualquiera sea la persona que intente colorear los puntos de una hoja con dos colores, *siempre* va a poder encontrar un triángulo equilátero que tenga los tres vértices del mismo color.

¿Cómo se puede comprobar eso? ¿Qué estrategia es capaz de diseñar? Créame, vale la pena que lo piense. Es sencillo, entretenido y estimulante.

(Solución: 230-233)

Los números cuentan lo suyo

Escala de Richter

Cada vez que hay un terremoto, todos los diarios, los canales de televisión y las radios usan la escala de Richter. Es decir, cuantifican el terremoto con un número.

Por ejemplo, se escucha decir: "El sismo registró una marca de 5,1 en la escala de Richter, por lo que los científicos no lo consideraron muy importante". Sin embargo, si bien se entiende que un terremoto de 6,1 es más potente, no queda claro qué mide, ni si la diferencia de una unidad que hay entre 5,1 y 6,1 hace que un sismo sea mucho más devastador que otro.

Esencialmente, el problema es que no se entiende qué mide ese "numerito".

Ante todo, lo que me apuro a decir es que un sismo de 6,1 es diez veces más potente que uno de 5,1. O sea, esos números engañan en principio, porque, si bien están cerca, ello no significa que los daños que generan puedan ser considerados equivalentes. De hecho, un sismo que registra 7,1 en la escala de Richter, por ejemplo, es cien veces más fuerte que el de 5,1. Es decir: cada "salto" de una unidad significa que el terremoto es diez veces más intenso.

Un terremoto como el que hubo en Chile en 1960 marcó 9,0 en la escala de Richter, y por lo tanto fue mil veces más potente que el que se registró en Nevada en 1994, que fue de 6,0.

Para ponerlo en términos ligeramente más matemáticos, pensémoslo así:

$$10^3 = 10 \cdot 10 \cdot 10 = 1.000$$
$$10^4 = 10 \cdot 10 \cdot 10 \cdot 10 = 10.000$$
$$10^5 = 10 \cdot 10 \cdot 10 \cdot 10 \cdot 10 = 100.000$$
$$10^6 = 1.000.000$$
$$10^8 = 100.000.000$$

Algunas preguntas:

a) ¿Cuánto más grande es 10^4 que 10^3?
b) ¿Y 10^6 que 10^4?
c) ¿Y 10^8 que 10^5?

Creo que usted puede llegar sin ayuda a las respuestas.

a) 10^4 es 10 veces más grande que 10^3
b) 10^6 es 100 veces más grande que 10^4
c) 10^8 es 1.000 veces más grande que 10^5

Ahora bien: cuando uno habla de lo que marcó un terremoto en la escala de Richter, habla en realidad de los exponentes que figuran en *a*), *b*) y *c*). Es decir: uno dice que marcó 5, pensando que en realidad es $10^5 = 100.000$, pero, si marcó 6, es porque está hablando de $10^6 = 1.000.000$.

Los científicos usan estos "numeritos" (los exponentes) cuando trabajan con cantidades muy grandes. No están tan preocupados por distinguir entre 1.037.804 y 1.273.517, pero sí importa, y mucho, la diferencia entre 10.000 y 1.000.000 (por poner un ejemplo). En este último caso hay dos órdenes de magnitud de distancia entre uno y otro.

Ahora, quiero sorprenderlo con algo: ¿sabe de qué estuvimos hablando todo el tiempo? De logaritmos.[22] Sí, de logaritmos.

22 En todo lo que precede me referí a lo que se llama *logaritmo decimal* o *logaritmo en base 10*. Éstos, y los llamados *logaritmos naturales* o *neperianos*, son los más usados en la práctica, pero en realidad hay infinitos tipos de logaritmos.

El número 5 que figura en 10^5 (= 100.000) es el logaritmo de 100.000. Y el número 6 que figura en 10^6 (= 1.000.000) es el logaritmo de 1.000.000.

Y lo mismo con todos los otros. De hecho, el logaritmo de 10^n es *n*. Y me interesa decirlo aun de otra manera: "Cuando uno calcula el logaritmo de un número, lo que está haciendo es contar el número de dígitos que tiene el número".[23]

Por ejemplo, el logaritmo de 10^5 es 5, y justamente 10^5 = 100.000, que tiene 5 dígitos (después del 1).

El logaritmo de 10^6 es 6, y justamente 10^6 = 1.000.000, que tiene 6 dígitos (también después del 1).

Usted convendrá conmigo en que saber la cantidad de dígitos que tiene un número sirve para aprender cuán grande es ese número. Por ejemplo, si uno tuviera que calcular (aproximadamente) el logaritmo del número

132.798.253.673

entonces, cuenta el número de dígitos (después del 1), y como da 11, eso significa que

log (132.798.253.673) = 11 (aproximadamente)[24]

Para terminar, algo más sobre Richter. El doctor Charles F. Richter hizo una contribución considerada esencial para estimar la magnitud de un sismo. En su trabajo más reconocido, de 1935, mostró que había una forma de medir las ondas sísmicas que irradiaban todos los terremotos. Juntó los datos de diversos episodios simila-

23 Para ser más precisos, *la parte entera* del logaritmo de un número es la que cuenta el número de dígitos que tiene.

24 Si uno quiere ser un poco más preciso, debería escribir:

$$132.798.253.673 \sim (1, 3) \times 10^{11}$$

donde el símbolo ~ significa "aproximadamente igual a".

Por lo tanto, el log $((1, 3) \times 10^{11}) \sim 11$.

res (de varios sismos) y desarrolló un sistema para estimar su gravedad. De hecho, la escala que diseñó mide la magnitud de un terremoto de acuerdo con la cantidad de energía liberada en el foco del sismo.

Como escribí más arriba, cuando se produce un salto de una unidad en esa escala, es porque el terremoto es diez veces más potente, mientras que la energía que libera es *¡treinta veces mayor!* Cada salto en la escala de Richter implica multiplicar por 30 la energía.

Richter mostró que, cuanto mayor es la energía intrínseca de un terremoto, mayor es la amplitud de la onda. Por otro lado, es esencial saber a qué profundidad se produce el sismo, dato que es tan importante como la magnitud. No es lo mismo tener un terremoto a 300 kilómetros de la superficie que uno a 14 o 15.

De hecho, uno de los terremotos más destructivos que tuvimos en la Argentina, el de San Juan en 1944, tuvo su hipocentro (el punto donde se produce la fractura de la corteza terrestre que genera un terremoto y donde se produce la liberación de la energía) a 12 kilómetros de profundidad. Como es fácil imaginar, desde esa profundidad la energía llegó casi intacta, sin amortiguarse en las capas internas de la Tierra. Por esa razón las ondas superficiales fueron tan destructivas, porque llevaban una gran velocidad. De hecho, recientemente hubo un terremoto en Santiago del Estero, pero fue tan profundo que resultó virtualmente indetectable.

Los datos que hay que conocer son los siguientes:

Magnitudes de Richter	**Efectos del terremoto**
Menos de 3,5	En general, no se sienten, pero se registran.
Entre 3,5 y 5,4	Se sienten, pero rara vez causan daños.
Menos de 6,0	A lo sumo, daños menores en edificios bien diseñados. Pueden causar daños mayores en construcciones precarias, en regiones pequeñas.

Entre 6,1 y 6,9	Pueden ser destructivos en áreas de cerca de 100 kilómetros donde vive gente.
Entre 7,0 y 7,9	Terremoto importante. Puede causar daños muy severos en áreas grandes.
8 o mayor	Gran terremoto. Puede causar daños muy grandes en áreas de cientos de kilómetros.

Si bien los números de la escala van de 0 a 9, teóricamente no hay límite superior. El sismógrafo es uno de los primeros instrumentos que aparecieron para medir los terremotos. En realidad, se usa para detectarlos, medirlos y graficar curvas de los sismos y otras vibraciones de la Tierra.[25]

Una nueva prueba (¿otra más?) de que la *raíz cuadrada de 2* es un número irracional[26]

En otro de los libros de la serie puse *una* de las tantas demostraciones de que la raíz cuadrada de 2 es un número *irracional*.[27] Hace

25 Nota 1: El prestigioso científico argentino Víctor Ramos, doctor en Ciencias Geológicas y ex vicedecano de la Facultad de Ciencias Exactas (UBA), revisó el texto y lo mejoró. Los aciertos son de él. Los potenciales errores corren por mi cuenta.
Nota 2: Después de leer todo lo que figura más arriba, a usted debería quedarle claro que, si un número cualquiera está entre 10^{11} y 10^{12}, entonces su logaritmo es un número que está entre 11 y 12.
Nota 3: La escala de Mercalli es otra forma de *medir* los daños que produce un terremoto. Los interesados en encontrar más información pueden consultar: http://en.wikipedia.org/wiki/Mercalli_intensity_scale

26 ¿No se terminan nunca? Díganle a este señor Paenza que ya le creímos...

27 En la página 42 del primer episodio de *Matemática... ¿estás ahí?* se explica lo que significan los números *racionales* e *irracionales*.

un par de años encontré otra, que quiero compartir. Es realmente preciosa. Síganme.[28] Supongamos que $\sqrt{2}$ es racional. Entonces, deben existir muchos números naturales tales que, multiplicados por $\sqrt{2}$, den un número natural.[29]

Tomemos el *más chico* de todos y llamémoslo *k*. Luego ($\sqrt{2}$ x *k*) es un número natural.

A continuación, consideremos el número

$$(\sqrt{2} \cdot k) - k$$

Éste *también* es un número natural, porque tanto ($\sqrt{2}$ x *k*) como *k* lo son, pero además ($\sqrt{2}$ x *k*) es *mayor* que *k* (ya que $\sqrt{2}$ es mayor que *1*).

Luego, (($\sqrt{2}$ x *k*) – *k*) es natural y *más chico* que *k*.[30]

Pero, si ahora multiplicamos este número por $\sqrt{2}$, se obtiene *otra vez un número natural:*

$$((\sqrt{2} \cdot k) - k) \cdot \sqrt{2} = 2k - \sqrt{2}k$$

Lo cual implica una contradicción, porque hemos encontrado un número natural *más chico* que *k*, que, cuando lo multiplicamos por

28 Lo que voy a hacer es *suponer* que $\sqrt{2}$ es racional para mostrar que eso me lleva a una contradicción. Es lo que se llama hacer una *demostración por el absurdo,* ya que si fuera cierto que $\sqrt{2}$ es un número racional, entonces, encadenando una serie de razonamientos, se llegará a una conclusión absurda.

29 Esto sucede porque, como estamos suponiendo que $\sqrt{2}$ es racional, entonces tiene que ser el *cociente de dos números naturales.* Si uno multiplica $\sqrt{2}$ por el denominador, obtiene un número natural. Lo que dice la prueba es que uno *elige* el más chico de todos los números naturales que cumplen esta propiedad.
Además, $\sqrt{2}$ es *menor* que 2. Luego, $\sqrt{2}$ x *k* es *menor* que 2 x *k*, y por lo tanto $\sqrt{2}$ x *k* – *k* es más chico que *k*.

30 El argumento que usé acá para *mostrar* que la raíz cuadrada de 2 es un número irracional se puede usar también para probar que $\sqrt{3}$ es irracional, y lo mismo con $\sqrt{5}$. Usted queda invitado a participar.

$\sqrt{2}$, da un número natural.[31] Y ése es el absurdo al que se llega por haber supuesto que $\sqrt{2}$ es un número racional.

Una manera espectacular de *construir la raíz cuadrada* de 2, sin "usar" el Teorema de Pitágoras

Tomemos un cuadrado de 1 metro de lado.

La *superficie* es *1 metro cuadrado.*

Ahora, *cuadrupliquémoslo,* agregando tres "cuadraditos" iguales más.

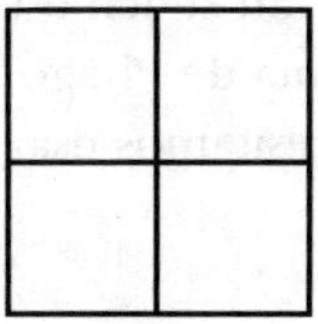

En este caso, entonces, como cada cuadrado tiene un área igual a *1 metro cuadrado,* los cuatro cuadraditos *suman* 4 metros cuadrados.

Ahora voy a *partir* cada *cuadradito* por la mitad, de manera tal que resulte la siguiente figura:

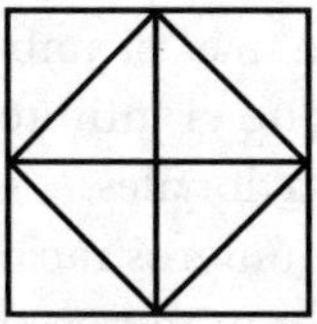

31 Para que se entienda de dónde salen las desigualdades que figuran más arriba, siga este proceso:

$1 < 2 < 4$ — $1 < \sqrt{2} < 2$ (saco la raíz)

$k < \sqrt{2}k < 2k$ (multiplico por k) — $0 < (\sqrt{2}k - k) < k$ (resto k)

Como hemos cortado por la mitad cada cuadradito, y dado que el cuadrado grande tenía una superficie de 4 metros cuadrados, ahora tenemos una superficie de 2 metros cuadrados. Es decir, la figura que quedó dibujada es un cuadrado de 2 metros cuadrados de área.

Llamemos *L* al lado de este nuevo cuadrado que quedó dibujado. El área es de *2 metros cuadrados*, por lo que sabemos entonces que

$$L^2 = 2 \qquad (*)$$

¿Por qué? Porque, si el área del cuadrado es igual a *2*, entonces, como la superficie de un cuadrado se calcula como *"lado x lado"*, en este caso, se tiene la ecuación (*).

Pero eso quiere decir que, si al elevar *L* al cuadrado produce el número 2, entonces, *L ¡tiene que medir* $\sqrt{2}$*!*

Es decir que un dibujo tan sencillo como el de arriba nos permite redescubrir el Teorema de Pitágoras, ya que para demostrar que *L* es igual a $\sqrt{2}$ no necesitamos usar el famoso teorema.

Dados de diez caras. La lucha entre Q y R para saber quién es más grande

En el Episodio 1 de *Matemática... ¿estás ahí?* (páginas 83-84) hay una *demostración* de que los números reales (que los matemáticos llamamos *R*) *son más* que los racionales (también llamados *Q*). ¿Qué quiere decir que "son más" si ambos son conjuntos infinitos? *Son más* en el sentido de que el infinito de los números reales es más grande que el de los racionales.

Recuerdo aquí que los números racionales son los que resultan de obtener el *cociente* de dos números enteros. Por ejemplo:

1/2, 7/3, 2/5, 123/1000, 7/1, 83/99

son todos números racionales.

Estos mismos números también pueden escribirse con su desarrollo decimal (es decir, haciendo la división). Se tiene entonces:

1/2 = 0,5
7/3 = 2,33333...
2/5 = 0,4
123/1000 = 0,123
7/1 = 7,0
83/99 = 0,8383838383...

Como se ve, los números racionales tienen un desarrollo decimal que o bien termina, en el sentido de que a partir de algún momento todos los decimales que aparecen son 0:

1/2 = 0,5000000...
2/5 = 0,4000000...
7/1 = 7, 000000...

o bien es periódico:

7/3 = 2,333333...
83/99 = 0,83838383...

Creo que ya se entiende entonces lo que es un número racional.

¿Qué números quedan? Bueno, son todos los números que tienen un desarrollo decimal que nunca termina... y, además, *no son periódicos*. Como ejemplos, tome el caso de $\sqrt{2}$, o bien el número π.

Ahora bien: ¿cómo hacer para convencerse *intuitivamente* de que los números *reales* son más que los racionales?

Fabriquémonos un dado, pero que en lugar de tener *6 caras* como los convencionales, tenga *10 caras*. En cada cara ponemos un dígito distinto. Es decir, en cada cara aparecen {0, 1, 2, 3, 4, 5, 6, 7, 8, 9}.

Quiero aprovechar el dado para fabricar un número que voy a llamar *A*. En principio, voy a suponer que el número está entre 0 y 1, o sea, es mayor que 0 y menor que 1. Es decir, cuando lo escribamos, *A* empieza así:

A = 0, ...

¿Se entiende esto? Piénselo con tranquilidad hasta convencerse. Cualquier número que sea mayor que 0 pero menor que 1 tiene que empezar de esa forma.

Ahora bien, para construir al número *A* voy a tirar el dado, anotar los resultados que obtengo y ponerlos *al lado* de la coma; de esa forma, voy a generar un número real. Por ejemplo, supongamos que en las primeras cinco tiradas del dado obtenemos los siguientes números:

7, 5, 0, 8 y 3

Entonces, el número real *A* que estoy construyendo será:

A = 0,75083...

Si sigo tirando el dado, voy a poder agregar más decimales al número. Cada tirada del dado provee un decimal más del desarrollo de *A*. Ahora quiero hacerle una pregunta. Para que *A* sea un número racional, ¿qué tendría que pasar? (No siga leyendo si no puede contestar esto, porque la gracia de lo que estamos haciendo está concentrada en ese punto.)

Sigo yo: para que *A* sea un número racional tiene que terminar en 0 (o sea, tienen que aparecer sólo números 0 a partir de un momento), o bien tiene que ser periódico (o sea, tiene que haber un grupo de números que empieza a repetirse constantemente y para siempre).

Bien. ¿Cómo se traduce esto último en lo que estábamos haciendo con el dado? Lo que tendría que pasar para que *A* fuera un número racional es que, a partir de un momento determinado, al tirar el dado, o bien salgan siempre números 0, o bien comience a repetirse un grupo de números constantemente.

Como puede advertirse, la probabilidad de que esto pase es muy baja.[32] Es decir, es muy poco probable que, al tirar un dado (de 10 caras o de 6), se obtengan siempre números 0 a partir de un cierto momento y para siempre, o bien que salga siempre en forma consecutiva un mismo grupo de números, *y también para siempre.*

Por supuesto, esto *no prueba* de ninguna manera que los números reales son más que los racionales (ni mucho menos). Y ya hemos visto varias veces que cuando uno *intuye que algo puede pasar,* en el tema de los infinitos –particularmente– puede equivocarse feo. Sin embargo, en este caso creo que esta manera de *modelar* lo que tendría que pasar con un dado de 10 caras para obtener números racionales y/o irracionales parece sugerir que –en efecto– los irracionales son *muchos más* que los racionales. Muchos, muchos más... más.

Sumas de números naturales

El que sigue es un problema precioso y sirve para utilizar mucha y muy linda matemática.

Supongamos que tiene en una bolsa los primeros cien números naturales. O sea, dentro de la bolsa están:

{1, 2, 3, 4, ..., 27, 28, 29, ..., 97, 98, 99, 100}

Hay muchas maneras de meter la mano en esa bolsa y sacar diez de esos números. Elija una (forma) cualquiera.

El problema consiste en demostrar que, entre ese grupo de diez números que usted eligió, se pueden separar dos grupos que no

32 Para aquellos que estén un poco más interesados en este tema, es posible demostrar que, si uno elige un número cualquiera *al azar* que esté entre 0 y 1, la probabilidad de que sea racional es *directamente 0.*

contengan ningún número en común, pero cuya suma sea la misma. No hace falta usar los diez números, pero lo que sí es seguro es que se forman dos subgrupos disjuntos (sin números en común) que arrojan la misma suma.

Lo que hay que demostrar es que, si uno tiene diez números, hay por lo menos una forma de separar algunos de esos números en dos grupos disjuntos, de manera tal que la suma de los dos subgrupos dé lo mismo.

Por ejemplo, si uno al meter la mano en la bolsa saca justo los diez primeros números:

{1, 2, 3, 4, 5, 6, 7, 8, 9, 10}

tendría que ser capaz de encontrar al menos dos subgrupos distintos cuya suma dé igual.

En el caso del ejemplo, hay muchas formas de conseguir dos subgrupos que provean una solución al problema. Veamos algunos:

a) Elijamos

{1, 2} y {3} Ambos conjuntos suman 3.

b) Otros dos subgrupos son:

{2, 3, 5} y {10} En este caso, ambos suman 10.

c) Otro más:

{5, 6, 7} y {10, 8} Ahora suman 18.

Yo me imagino lo que usted está pensando: es trivial encontrar los dos subgrupos una vez que uno tiene los diez números. De acuerdo. En el ejemplo que acabo de poner, fue fácil. Lo invito ahora a hacer lo mismo en el caso que sigue:

{17, 31, 42, 43, 74, 75, 76, 87, 98, 99}

Creo que ahora, al menos, se entiende el planteo y qué queremos encontrar. Resolver el problema supone demostrar que esos dos subgrupos existen siempre, independientemente de cuál sea el grupo de diez números que uno saque de la bolsa. Pero, como sucede muchas veces en matemática, lo que vamos a poder mostrar es que siempre existen, aunque no los encontremos efectivamente.

Es decir, este problema tiene la gracia de que muestra algo que sucede muchas veces cuando uno trabaja en ciencia y, muy en particular, en matemática. Uno tiene un problema para resolver pero no sabe si tiene solución o no.

Por supuesto, en el escenario ideal uno trata de encontrar la solución y se terminó la discusión. Pero, si uno no la encuentra, quizás sea útil saber que, por lo menos, existe una solución.

Hay teoremas que se llaman "teoremas de existencia", que aseguran que ciertas situaciones o problemas tienen solución pero no la encuentran. Lo que sí hacen es decir: "Mire, hasta acá usted no la habrá encontrado, pero el teorema le garantiza que existir, existe. ¡Siga buscando!". Es decir, al menos uno *sabe* que el problema tiene solución. Pero encontrarla es "otra historia".

Es más. Algunos teoremas se llaman "de existencia y unicidad", en el sentido de que existe una solución, y no sólo eso, sino que si uno la encuentra, va a ser la *única.* O mejor dicho, aunque uno no la pueda encontrar, lo que se sabe es que *es única.*

(Solución: 234-235)

Una matriz de 5 x 5

El siguiente problema presenta un desafío. Yo voy a guiarlo para que compruebe algo conmigo. Una vez que se convenza, la idea es tratar de entender por qué sucede lo que sucede.

Acá va. Tenemos un tablero de 5 x 5 (como si fueran las casillas de un tablero de ajedrez, pero de 5 x 5) (figura 1).

1	2	3	4	5
6	7	8	9	10
11	12	13	14	15
16	17	18	19	20
21	22	23	24	25

Figura 1

Como se ve, están distribuidos los primeros 25 números. Elija un número cualquiera (digamos el 14, por poner un ejemplo). Ahora, tache la fila y la columna en la que figura el 14. Resulta entonces lo siguiente (figura 2):

1	2	3	4	5
6	7	8	9	10
11	12	13	14	15
16	17	18	19	20
21	22	23	24	25

Figura 2

Ahora, elija cualquier otro número de los que quedan. Digamos el 23. Ahora, tache nuevamente la fila y la columna en la que figura ese número. Queda entonces la siguiente configuración (figura 3):

1	2	3	4	5
6	7	8	9	10
11	12	13	14	15
16	17	18	19	20
21	22	23	24	25

Figura 3

Y repita el procedimiento. Es decir, elija cualquiera de los números que quedan en el tablero y que no fueron "tachados". Digamos el 2. Y como antes, vuelva a tachar todos los números que figuran en la columna del 2 y en la fila que contiene el 2. Se tiene la siguiente configuración (figura 4):

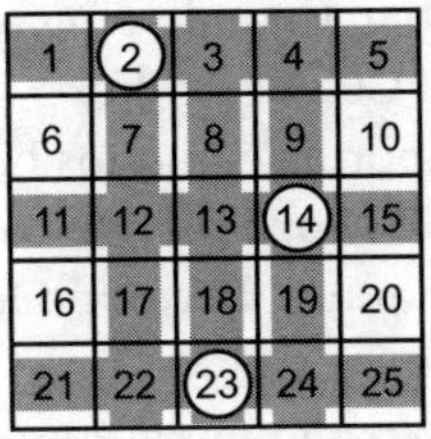

Figura 4

Demos un paso más (ya quedan pocos números para elegir). Digamos el 20. Como resultado se tiene la siguiente figura.

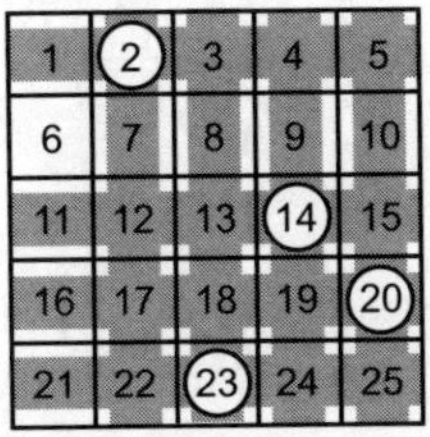

Figura 5

Ahora, ya no queda más que un solo número para elegir: el 6.

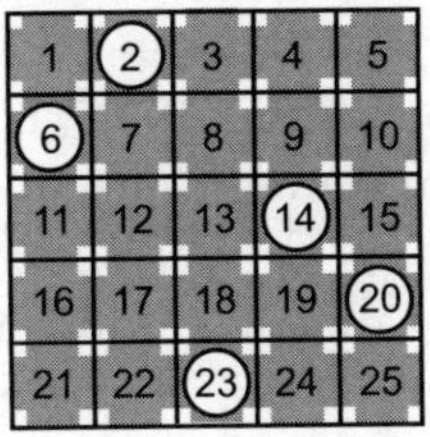

Figura 6

En resumen: hemos elegido un número por columna y por fila: 14, 23, 2, 20 y 6. Súmelos:

2 + 6 + 14 + 20 + 23 = 65

Ahora, sin mi guía, repita el proceso desde el principio con otros números. Es decir: empiece eligiendo un número cualquiera, tache la fila y la columna en la que figura, elija otro, repita el proceso tachando la fila y la columna respectiva, y así hasta que quede un solo número sin tachar. Cuando tenga "elegidos" los cinco nuevos números, súmelos. ¿Cuánto le dio?

Sí, es curioso: sin importar cómo los haya elegido, el resultado de la suma es siempre 65. Por supuesto, uno podría quedarse con esta curiosidad y terminar acá. Pero, ¿no le dan ganas de entender por qué pasa lo que pasa?

Es un buen momento para pensar en soledad. Y, eventualmente, revisar luego la solución y verificar si la explicación que yo le propongo es similar a la suya, o incluso si la suya es mejor (lo cual es muy probable). Cuando quiera, vuelva. No me voy a ninguna parte.

(Solución: 235-239)

ISBN

Tome un libro cualquiera. Fíjese en la parte de atrás (o en alguna de las primeras páginas pares). Va a encontrar un número como el siguiente:

1-84046-637-5

Este número o código se llama ISBN, o sea, International Standard Book Number, un número que *internacionalmente* se asocia con el libro.

Esta sucesión de diez dígitos identifica al libro. Bárbaro. Pero ¿qué más? Uno podría decir que el primer dígito (o *los* primeros) identifica(n) al país de origen; que los siguientes indican la editorial, el título, la edición, etcétera. Y estaría bien. Pero aún no sería suficiente para merecer un comentario aparte. Lo notable es que el ISBN tiene propiedades *escondidas* que lo hacen *muy interesante.* Más aún: no todos los números de diez cifras pueden ser códigos ISBN válidos.

Olvídese de los guiones que separan los dígitos. Hagamos de cuenta que el número es:

1 8 4 0 4 6 6 3 7 5

Uno los pone en una columna y agrega, en otra columna, los números del 1 al 10. Y los aparea (o sea, los coloca en el mismo renglón), de modo que se obtiene, entonces, la siguiente situación:

1	**1**
8	**2**
4	**3**
0	**4**
4	**5**
6	**6**
6	**7**
3	**8**
7	**9**
5	**10**

Una vez hecho esto, multiplique los números de cada renglón. Se tienen los siguientes resultados, que anotamos en una tercera columna:

1 · 1 = 1
8 · 2 = 16
4 · 3 = 12
0 · 4 = 0
4 · 5 = 20
6 · 6 = 36
6 · 7 = 42
3 · 8 = 24
7 · 9 = 63
5 · 10 = 50

Luego, sume los valores de la última columna. En este caso, se obtiene el número 264.

Ahora, una breve pausa. Acá aparece la clave de lo que estamos haciendo. ¡Este número tiene que ser siempre un múltiplo de 11!

Y lo es. Justamente: 264 = 11 x 24

Supongamos que alguien quiere encargar libros para una biblioteca o para una librería. El pedido no lo hace basándose en los títulos, ni en los autores, sino en el ISBN que cada uno tiene asignado.

Si por alguna razón, al hacer la operación que figura más arriba (aparear los dígitos que aparecen en el ISBN y luego multiplicarlos), el número resultante no fuera un múltiplo de 11, entonces eso implicaría que se produjo un error en el código ISBN que esa persona envió.

Vale la pena que usted pruebe con cualquier libro que tenga en su poder. Haga la cuenta y descubra que lo que leyó hasta acá se verifica en la realidad. Con este proceso verdaderamente simple una persona (o una computadora) detecta inmediatamente el error en el pedido.

Surgen varias preguntas: ¿por qué tiene que ser un múltiplo de 11? ¿Hay "algo" en el número 11 que lo haga *diferente*? La respuesta es sí. Hay razones para haber elegido el número 11. En principio, porque es un número *primo*. Y eso, como voy a mostrar más adelante, ofrece una ventaja sobre otros números que no lo son. Pero, además, tome cualquier par de dígitos distintos (los dígitos son los números 0, 1, 2, 3, 4, 5, 6, 7, 8 y 9). Ahora, réstelos. Nunca puede dar un múltiplo de 11 (¿se da cuenta por qué?). Piénselo usted solo. Si no, acompáñeme con los ejemplos que incluyo al pie.[33]

Otro agregado interesante: uno de los problemas más comunes al escribir números de varios dígitos son las permutaciones o

33 Si elegimos 8 y 3, la *diferencia* es 5. Si elegimos 7 y 9, la *diferencia* es -2. Si elegimos 5 y 1, la *diferencia* es 4. Ninguno de ellos es múltiplo de 11. Y así sucederá siempre: al restar cualquier par de números distintos *menores* que 11, el resultado va a ser –inexorablemente– un número *menor* que 11, que por lo tanto no podrá ser múltiplo de 11, salvo que fuera *cero,* pero esto no puede suceder porque los dígitos que elegimos eran distintos. Es decir, uno descubre que no importa cuál sea el par que elija, la diferencia *no podrá ser múltiplo de 11.* Y eso también terminará siendo importante.

transposiciones. Es decir, es muy común que uno quiera escribir el número

3759

y sin embargo escriba

3579

porque *conmutó* el dígito 7 con el 5.

Lo curioso e interesante a la vez es que el código ISBN permite descubrir dónde puede estar el error, si es que uno produjo una transposición al enviar el ISBN de un libro.

Primero, un ejemplo. Supongamos que el código ISBN que uno quiere mandar es:

1 8 4 0 4 6 6 3 7 5

pero comete un error, y transpone el 4 con el 8 en el segundo y tercer dígito. Es decir que escribió por error el número:

1 4 8 0 4 6 6 3 7 5

Al hacer el apareamiento y la multiplicación, como vimos más arriba, el número que resultará (y lo invito a que haga la cuenta) no será un múltiplo de 11. Es decir, con el ISBN correcto la suma de los números de la tercera columna va a ser 264, que es un múltiplo de 11. En realidad,

264 = 11 · 24

En cambio, si uno suma los números de la tercera columna en el caso equivocado, obtiene el número 268, que no es un múltiplo de 11. Entonces, ya sabe que hay un error. Y éste es un avance no menor: ya se sabe entonces que la persona que envió la lista de libros se equivocó en este punto. Ahora bien: ¿puede avanzar más? ¿Puede detectar en qué lugar se produjo el error y repararlo? ¿Habrá sido una permutación de dos dígitos?

Veamos. Al encolumnar los dígitos con los números transpuestos aparece

1 · 1 = 1
4 · 2 = 8
8 · 3 = 24
0 · 4 = 0
4 · 5 = 20
6 · 6 = 36
6 · 7 = 42
3 · 8 = 24
7 · 9 = 63
5 · 10 = 50

Y la suma de la tercera columna, como dijimos, da 268. Es decir, cuatro más que con el número correcto. Todo lo que hay que hacer ahora es fijarse en la primera columna y descubrir en qué lugar (o lugares) hay una diferencia de *cuatro* unidades entre dígitos sucesivos, para intentar corregir el error.[34] En este caso, habría dos posibles lugares: entre el segundo y el tercero (intercambiar el 4 con el 8, que es lo que habría que hacer para reparar el problema),

34 Como la suma que se obtuvo es 268, que está a *cuatro* unidades del múltiplo de 11 más cercano (que es 264), uno puede buscar si hay dos dígitos, entre los que componen el ISBN, que *difieran* en *cuatro*. Sin embargo, también podría ser que hubiera otra transposición y que el múltiplo de 11 más cercano *estuviera para el otro lado,* y en lugar de pensar en 264, uno debería considerar el 275, que es el múltiplo de 11 que está a *siete* unidades del número que encontró: 268. En este caso, habría que mirar si entre los dígitos del ISBN que nos enviaron, hay algún par que *difiera* en *siete.* Pero como no hay (basta revisar la lista), entonces uno busca una diferencia de *cuatro* unidades. Y la encuentra.

o entre el cuarto y el quinto renglón. En este caso, habría que intercambiar el 4 con el 0. Uno entonces realiza esos cambios y se fija si en la tercera columna, al sumar, el número que resulta es –ahora sí– un múltiplo de 11. Si no lo es, descarta el cambio porque el sistema no le sirvió para descubrir el error. En cambio, si el resultado es un múltiplo de 11, entonces puede verificar si el ISBN que obtuvo corresponde a algún libro que figure en el stock.

En general, este tipo de códigos que sirven para detectar errores se llaman –en inglés– *error detecting codes.*

Una ligera complicación

Para entender un poco más, quiero agregar aquí una propiedad que cumplen los números primos: "Si un número primo divide el producto de dos números, entonces o bien divide a uno o bien divide al otro". ¿Qué quiere decir esto? Rápido, un ejemplo. Tomemos el número 5, que sabemos que es primo.

Uno sabe que 5 divide a 100. Y sabe también que 100 = 4 x 25. O sea, sabe que 5 divide a (4 x 25). Entonces, la propiedad que escribí más arriba dice: o bien el número 5 tiene que dividir a 4, o bien tiene que dividir a 25. ¡Y, efectivamente, así sucede!

Otro ejemplo: el número 7 es primo y divide a 105 = 21 x 5. Entonces, el 7 tiene que dividir o bien a 21 o bien a 5. Y justamente, divide a 21. No hace falta que divida *solamente* a uno de los dos. Por ejemplo, el número 7 también divide a 735 = 21 x 35, y en este caso el 7 divide a ambos: a 21 y a 35. Lo que quiero enfatizar es que la propiedad dice: "Si un número divide a un producto, entonces divide *al menos* a *uno* de los dos factores".

Esta propiedad es tan importante que caracteriza a los números primos. ¿Qué quiere decir esto? Significa que un número positivo mayor que 1 es primo si y sólo si cada vez que divide un producto, divide a uno de los dos factores. Esta propiedad que tiene el número 11, en tanto número primo, es la que se usa con los ISBN. ¿Cómo? Fíjese en el siguiente ejemplo.

Como escribí antes, uno quiere ser capaz de detectar las permutaciones de dos dígitos que pudieran producirse. El código ISBN es, entonces, uno de los *error detecting codes* que funcionan de esta forma. Por ejemplo, supongamos que uno tiene en un libro

3-78ab9-023-2

(donde *a* y *b* son dos dígitos cualesquiera), pero en lugar de mandar ese número, uno envió:

3-78ba9-023-2

(o sea, permutó involuntariamente los dígitos *a* y *b*).

Entonces, al escribir las dos columnas de números, como hicimos al principio, tendríamos que tener en el cuarto y quinto renglón:

$$a \cdot 4 = 4a$$
$$b \cdot 5 = 5b$$

pero, como nos equivocamos, ahora tenemos:

$$b \cdot 4 = 4b$$
$$a \cdot 5 = 5a$$

De modo que, al hacer la suma de la tercera columna, uno va a tener, digamos, un número *S*, y sabemos que *S* es un múltiplo de 11. Pero, al haber equivocado el ISBN, uno suma $4b$ en lugar de $5b$ (o sea, le falta una *b*) y, por otro lado, tiene $5a$ en lugar de $4a$ (o sea, le sobra una *a*). Entonces, agregó $(a - b)$. En definitiva, tenemos:

$$S + (a - b)$$

Y ahora es importante que me siga en el próximo paso: como el número *S* correcto tiene que ser un múltiplo de 11, si uno le agrega $(a - b)$, entonces ya no será divisible por 11. ¿Por qué? Porque para que el número 11 divida al número S y también al número $S + (a - b)$, quiere decir que $(a - b)$ tendría que ser múltiplo de 11, y eso es imposible (ya que la diferencia de dos dígitos cualesquiera no puede ser múltiplo de 11). Salvo, claro está, que $(a - b) = 0$, en cuyo caso:

a = b

y eso querría decir que no hubo permutación, y por lo tanto, no hay error. En ese caso resulta que tanto *a* como *b* *¡son iguales!* [35]

Es importante que sea 11 y no un número más chico ni un número que no sea primo.

Por ejemplo, si uno hubiera tomado el número 10 como referencia en lugar de 11, entonces, en el siguiente ejemplo:

3 · 5 = 15

si por error confundió el 3 y puso un 7 en su lugar, el quinto renglón quedaría así:

7 · 5 = 35

La diferencia va a ser 20, que es múltiplo de 10, de modo que no se detectaría el error.

Para ponerlo en otros términos, supongamos que uno escribe:

b · 5 = 5b

35 El número $(a - b)$ puede ser positivo o negativo, por lo tanto, uno podría tener que buscar el primer múltiplo de 11 que está inmediatamente más arriba o más abajo de la suma obtenida. Porque, a diferencia del ejemplo que escribí más arriba, uno *no sabe* cuál es la suma correcta. Por lo tanto, no sabe si le erró por defecto o por exceso.

cuando en realidad hubiera querido poner:

a · 5 = 5a

En este caso, la diferencia es:

(b – a) · 5

Y este número no puede ser múltiplo de 11. ¿Por qué? Porque si 11 dividiera al producto (*b* – *a*) x 5, entonces, por la propiedad que vimos que valía para los números primos, el número 11 tendría que o bien dividir a (*b* – *a*), o bien dividir a 5.

Como a 5 no lo divide, entonces 11 tendría que dividir a (*b* – *a*). Pero ya sabemos que (*b* – *a*) no puede ser múltiplo de 11, porque es la diferencia entre dos dígitos. La única alternativa sería que (*b* – *a*) = 0, en cuyo caso ambos serían iguales (*a* y *b*); entonces, como vimos, no habría permutación.

Como última observación, lo mismo vale con cualquier otro número que hubiéramos tomado de la columna en donde figuran los primeros diez números naturales. La diferencia sería:

(b – a) · n

Y como *n* nunca es múltiplo de 11, la única alternativa es que (*b* – *a*) lo sea, y tampoco puede ser. De modo que el error se descubre *siempre*.

Serie armónica (parte II)

Si usted consulta en el Episodio 2 de *Matemática... ¿estás ahí?*, en la página 77 hay una presentación de la serie armónica más conocida:

1 + 1/2 + 1/3 + 1/4 + 1/5 + 1/6 + ...

Allí se comprueba que esta serie *no converge* en el sentido de que, si uno suma los términos a medida que aparecen:

1
1 + 1/2
1 + 1/2 + 1/3
1 + 1/2 + 1/3 + 1/4
1 + 1/2 + 1/3 + 1/4 + 1/5
1 + 1/2 + 1/3 + 1/4 + 1/5 + 1/6

... y así siguiendo, los números que se obtienen en cada paso son cada vez más grandes.[36]

—O sea, lo interesante de esta serie armónica es que *no converge* o, lo que es lo mismo, *diverge*.[37] Esto quiere decir que si usted se preguntara: ¿se podrán sumar suficientes términos hasta superar el número 5?, por ejemplo, la respuesta sería sí: hay que sumar 83 términos.

Por otro lado, ¿superará alguna vez el número 10? La respuesta es también afirmativa, pero en este caso hace falta sumar 12.367 términos (para *sumar* más que 10). Y más de 250 millones de términos para superar el 20.

Lo notable de todo esto es que no importa cuán grande sea el número que usted elija, siempre se puede encontrar un número de términos de la serie (armónica) que, al sumarlos, *supere* la barrera que se eligió. Los primeros en resolver este problema fueron los matemáticos suizos (y hermanos) Johann y Jakob Bernoulli. Ellos fueron los que *demostraron* que la serie armónica *divergía*.

36 Estos números son cada vez mayores o "más grandes", lo cual en principio no debería significar que se hagan *tan grandes como uno quiera*. Sin embargo, *en este caso*, los números *no tienen* un límite superior. Puesto de otra forma, *dado cualquier número positivo K*, uno lo puede superar si elige suficientes términos de la serie.

37 En general, que una serie *no converja* no quiere decir que *diverja*. Pero en el caso de que todos los términos sean positivos (como en este caso), entonces sí, es lo mismo "diverger" que "no converger".

Una vez resuelto este problema, el mundo comenzó a abordar la serie que sumaba las inversas de los cuadrados:

$$1 + 1/2^2 + 1/3^2 + 1/4^2 + 1/5^2 + 1/6^2 + 1/7^2 + \ldots + 1/(n^2) + \ldots$$

$$1 + 1/4 + 1/9 + 1/16 + 1/25 + 1/36 + 1/49 + \ldots + 1/(n^2) + \ldots \quad (*)$$

No es difícil comprobar que esta serie *converge.* O sea, la suma de estos números se va acercando a un número determinado, y cuantos más términos uno suma, más cerca de ese número estará. Lo difícil fue descubrir *a qué número convergía.*

Es decir, una cosa es saber que la serie converge (o sea, que se acerca tanto como yo quiera a un número –lo que se llama "la suma de la serie"–), pero otra cosa es saber a qué número converge. Esto es, ¿a qué número se está acercando esta serie?

Lo primero que se comprobó es que la "suma" de esta serie era un número positivo (obviamente) pero *menor que 2.* Y aun así no era suficiente. Es decir: "Está bien, es convergente y suma menos que 2... pero ¿a qué número se acerca? ¿Cuál es la suma de esta serie?".

Los Bernoulli no pudieron con esta serie y tampoco pudo resolver el problema Leibniz. En realidad, no lo logró ninguna persona contemporánea a ellos.

Uno de los matemáticos más importantes de la historia, el suizo Leonhard Euler, también lo abordó. Euler fue el primero en comentar que había *sumado muchos términos* para ver si podía *conjeturar el resultado.*

Lo que podía deducir era que parecía acercarse a 1,6449... Pero, desafortunadamente, este número no parecía familiar para nada. Y claro, lo difícil era descubrir que ese número tuviera alguna relación con π.

Por supuesto, imagine que si estuvieron tantos siglos sin poder encontrar cuánto daba esta suma es porque *resultaba algo ciertamente muy complicado.* Pero lo incluí acá, entre estos textos, porque muestra que hay algunos problemas de la matemática que *son difí-*

ciles y que *requieren de la creatividad* de cada uno. No pasa nada si a uno no se le ocurre cómo resolverlo, pero la porción de placer que genera pensarlo no tiene precio.

Y si bien está fuera del alcance de lo que me propongo hacer con este libro, la serie que figura en (*) es *convergente* (o sea, *no tiende a infinito*) y además su *suma* es:

$$(\pi^2/6)$$

Este número *es aproximadamente* igual a 1,64718799683333.[38]

38 Más allá de lo que figura escrito más arriba, ¿no es *fascinante* que aparezca el número π involucrado en la suma de esta serie? Piense lo siguiente: π es un número que está definido como el cociente entre el perímetro de una circunferencia y su diámetro. ¿Cómo puede ser que sea el resultado de sumar esa serie? ¿No es maravilloso?
A aquellos interesados en ver cómo se calcula la suma, les sugiero que recurran a casi *cualquier libro* de análisis matemático de una variable, y revisen el capítulo dedicado a series armónicas.

Reflexiones y juegos matemágicos

Apuesta sobre las cartas (dos reyes)

Supongamos que tenemos 6 cartas de póquer *elegidas de mazos diferentes*. Es decir, son todas de diferentes colores en el lomo. Se las numera del 1 al 6 y se las coloca boca abajo, de manera tal que no se pueda ver qué carta es. Lo que sí se sabe es que dos de ellas son *reyes*.

Ahora bien: le dicen que elija dos de las cartas. Usted las elige. Y luego le preguntan: ¿cuál de estos dos hechos es más probable que suceda?

> Habrá al menos *un rey* entre las cartas que eligió.
> No habrá *ningún rey* entre las cartas que eligió.

Bueno, lo dejo para que pueda pensarlo con tiempo. La respuesta es muy interesante y, obviamente, si uno se sienta un rato con lápiz y papel (puede ser lapicera y cuaderno, también), y analiza las posibilidades, podrá deducirla.

Suma de dados

Le propongo un juego. Necesitamos tener dos dados de diferentes colores, digamos rojo y azul. Son dados comunes, con 6 caras, y en cada cara hay un número del 1 al 6. El juego consiste en tirar los dados y *sumar* los resultados de ambos.

¿Cuáles son las sumas que se pueden obtener? (Intente pensarlo usted primero.)

Al tirar cada dado se pueden obtener 6 resultados: 1, 2, 3, 4, 5 y 6. Pero como son *dos* dados, las sumas serán:

2, 3, 4, 5, 6, 7, 8, 9, 10, 11 y 12

O sea, se pueden obtener *11* números. Vamos a repartirnos estos números entre usted y yo. Usted se queda con éstos: 2, 3, 4, 10, 11 y 12, y yo, me quedo con: 5, 6, 7, 8 y 9.

Es decir, le dejo a usted 6 posibles sumas, y yo me quedo con 5. Después, tiramos los dados. Gana el que tiene el "número *suma*" (es decir que el número que dé la suma de lo que indiquen los dados esté en su lista, que nos repartimos arbitrariamente).

Por ejemplo, si al tirarlos el rojo cayó en 1, y el azul en 2, la suma resulta ser 3 y usted es el ganador, porque usted se quedó con el 3 entre los números que nos repartimos.

En cambio, si el rojo sale en 3 y el azul en 5, entonces gano yo, porque tengo el 8 entre mis números.

Ahora sí, *la apuesta*: ¿Le parece justa la división que hicimos de los números? Usted se quedó con *6* de ellos y yo con *5*. Pero, igualmente, si le permitieran optar, ¿preferiría quedarse con los números que tiene o preferiría cambiar y tener los que me tocaron a mí?

Ahora lo dejo para que piense con tiempo.

(Solución: 240-242)

Adivinación de números

Le propongo un ejercicio. Siga los siguientes pasos.

1) Elija un número cualquiera.
2) Súmele 6.
3) Multiplíquelo por 2.

4) Réstele 8.
5) Divídalo por 2.
6) Réstele el número con el que empezó.
7) ¿Qué obtuvo?

Antes de que me conteste, yo sé lo que obtuvo: encontró un número 2.

¿Por qué? ¿Cómo lo supe? Trate de pensarlo y después confronte con lo que figura más abajo.

Cada paso está reproducido a la derecha. Imagine que el número que eligió para empezar figura "dentro" de la bolsita. Observe que no importa cuál haya sido. Es irrelevante para obtener el resultado final.

– Elija un número cualquiera: 

– Súmele 6:  x x x x x x

– Multiplíquelo por 2:  x x x x x x
 x x x x x x

– Réstele 8:  x x
 x x

– Ahora, divídalo por 2:  x x

– Réstele el número inicial: x x

– Seguro que obtuvo un 2.

Ahora, una vez que se convenza de que el número inicial elegido es irrelevante, en lugar de usar "bolsitas", voy a elegir una *letra* para indicarlo. De esta forma, voy a llamar *N* al número que usted eligió (y que no conozco). La letra *N* es la que juega el papel de la "bolsita" que figura más arriba. Ahora, reproduzco los pasos usando esta letra y los símbolos habituales de la aritmética:

– Elija un número cualquiera:	N
– Súmele 6:	N + 6
– Multiplíquelo por 2:	2 (N + 6) = 2N + 12
– Réstele 8:	2N + 4
– Ahora, divídalo por 2:	N + 2
– Réstele el número inicial:	2

Más arriba escribí: "Seguro que encontró un 2". Y la respuesta es sí, encontró un 2, porque *no había manera de que fuera de otra forma.* ¿Está seguro de que pudo seguir *todo* el argumento? Piense conmigo un instante: cuando uno sigue el razonamiento hecho con los "dibujos", no tiene problemas para entenderlo. En cambio, no bien uno usa los símbolos de la aritmética, entonces parece que todo se nublara, como si la "oscuridad" nos hubiera invadido.

Supongo que estará de acuerdo conmigo en que uno no puede usar bolsitas y crucecitas todo el tiempo en la vida cotidiana, y por eso apela a la otra terminología. Pero lo que no es justo es que *las ideas* queden encubiertas por la *forma en que se las expresa.*

Si el precio a pagar para poder abstraer y escribir con símbolos es el de encubrir las ideas, entonces no vale la pena usarlos. En el momento que usted vea que la posibilidad de entender está obturada por la sintaxis y/o la notación, vuelva atrás y apele a las "bolsitas y cruces". Una vez que haya entendido, estoy seguro de que se dará maña para usar la simbología adecuada.

Tablero infectado[39]

Suponga que tiene un tablero de ajedrez (de 8 x 8), cuyas casillas no están diferenciadas por color. O sea, son todas iguales y *blancas* (como se ve en la figura 1).

39 El crédito por este texto lo comparten *Kvant*, una revista soviética (en ese momento), una revista húngara (cuyo nombre desconozco), y Peter Winkler, quien lo propuso en un libro que se publicó en 2005, *Tribute to a Mathemagician*.

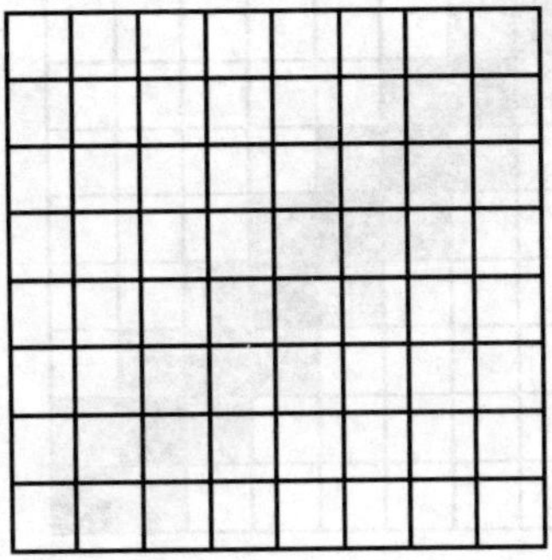

Figura 1

Vamos a *infectar* algunas de esas casillas, como si contuvieran alguna bacteria (o algo equivalente) que las transformara en peligrosas. Voy a pintar de negro cada casillero donde *vive* alguna de estas bacterias (como se ve en la figura 2).

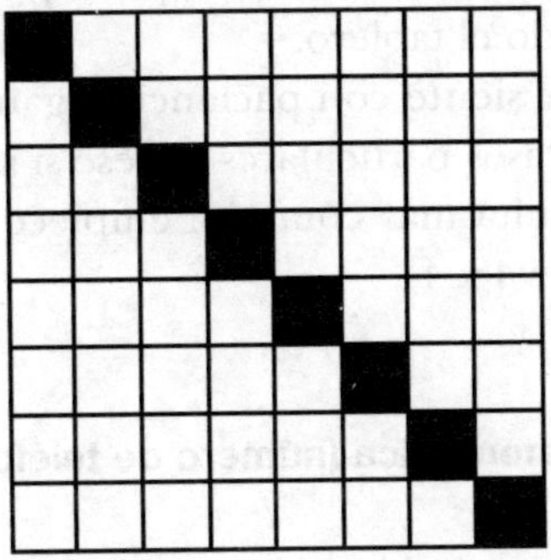

Figura 2

Es decir, algunas casillas estarán infectadas y otras no. Sin embargo, se cumple la siguiente regla: si una casilla tiene hacia alguno de los costados (derecho, izquierdo, arriba, abajo) *dos* que están infectadas, se infecta ella también en el paso siguiente.

Por ejemplo, si uno empieza con una distribución de casillas infectadas como la que aparece en el caso de la figura 2, al avanzar la infección se tienen (en el primer paso) algunas casillas infectadas más (que corresponden a la diagonal de arriba y de abajo de la que estaba infectada inicialmente).

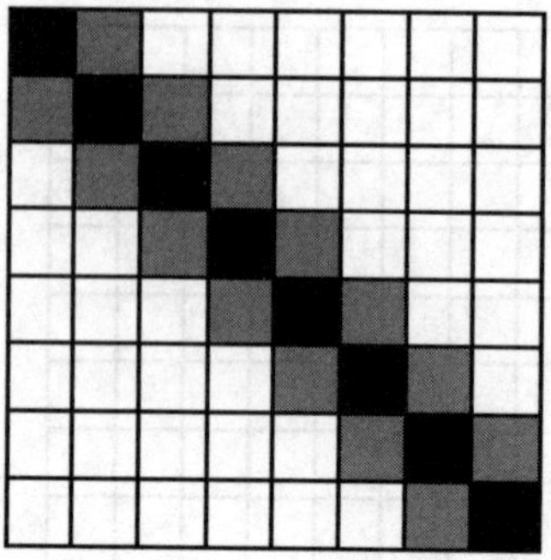

Figura 3

Como usted puede comprobar, si uno siguiera avanzando, infectando el tablero en sucesivos pasos, llegaría un momento en el que todo el tablero quedaría infectado. La pregunta que quiero hacer es si es posible empezar con alguna configuración que contenga menos de 8 casilleros infectados, pero que, sin embargo, termine infectando todo el tablero.

Le sugiero que se siente con paciencia y ganas de pensar. Empiece con algunos casos particulares y fíjese si puede infectar *todo* el tablero. Si le resulta más cómodo, empiece con tableros más chicos (de 3 x 3 o de 4 x 4).

(Solución: 242-246)

Un poco más de matemágica (número de teléfono)

Lo que sigue es una combinación entre matemática y "magia". (Bueno... no tanto, pero es lo que hacen los *magos.*) Para hacerlo, se necesita algún voluntario y una calculadora. Primero, voy a describir cómo se hace el truco. Luego, vendrán dos partes interesantes. La primera es que usted (estoy seguro) va a hacer esta prueba con sus amigos (y con su familia). Todos quedarán sorprendidos, sin entender bien lo que pasó. Después, vendrá un aspecto mucho más interesante aún: ¿por qué? Es decir: ¿por qué pasa lo que pasa?

El truco es el siguiente. Tome cualquier número de teléfono, digamos un número de 8 dígitos (pero igualmente funciona para números de menos dígitos). Tanto como para que sea más fácil seguir el proceso, voy a elegir un número cualquiera:

4129-6070

Este ejemplo va a servir como guía de lo que hay que hacer en general. Como escribí más arriba, hace falta usar una calculadora, porque voy a hacer algunos cálculos que, si bien son sencillos, llevan tiempo y la posibilidad de equivocarse aumenta. Éstos son los pasos que hay que seguir:

1) Elija los primeros cuatro dígitos del número de teléfono que anotó. En este caso, 4129.

2) Multiplíquelo por 80. En el ejemplo:

4129 · 80 = 330.320

3) Súmele 1. O sea:

330.320 + 1 = 330.321

4) Multiplíquelo por 250. Es decir:

330.321 · 250 = 82.580.250

5) Réstele 250.

82.580.250 – 250 = 82.580.000

6) Súmele los 4 últimos dígitos del número que había elegido al comienzo.

82.580.000 + 6070 = 82.586.070

7) Súmele nuevamente el mismo número de 4 dígitos que usó en el paso anterior:

82.586.070 + 6070 = 82.592.140

8) Divida por 2 el número que obtuvo:

82.592.140 / 2 = 41.296.070

Ahora bien, ¿reconoce este número? Fíjese bien: ¡es el número de partida! Es decir, este proceso que iniciamos en el paso 1 empieza con un número de teléfono que usted no conocía, y luego de *ciertas manipulaciones aritméticas* uno llega al número inicial.

Voy a presentar un nuevo ejemplo, eligiendo otro número, pero sin detallar tanto los pasos. Simplemente voy a usar los números del proceso anterior.

Empiezo con este número: 4321-1234.

1) 4321 · 80 = 345.680
2) 345.680 + 1 = 345.681
3) 345.681 · 250 = 86.420.250
4) 86.420.250 – 250 = 86.420.000
5) 86.420.000 + 1234 = 86.421.234
6) 86.421.234 + 1234 = 86.422.468
7) 86.422.468 / 2 = 43.211.234

Es decir, uno obtiene el número de partida: 43.211.234 (sin el guión, claro).

Además de entusiasmar a quienes les muestre este juego que involucra la matemática y lo que parece ser un pase de *magia*, la pregunta que uno siempre quiere contestar es… ¿por qué pasó lo que pasó? O mejor dicho, ¿por qué pasa lo que pasa?

Lo dejo para que lo piense.

(Solución: 247-249)

Criptografía (sencilla)

Supongamos que quiero mandarle un mensaje secreto. Voy a poner lo que escribí en una caja que tiene dos cerraduras. Yo tengo la llave de una y usted, la de la otra. Una vez que puse el mensaje adentro, uso *mi* llave para cerrar la caja. Y la envío.

Usted recibe la caja. Obviamente, no puede ver lo que contiene porque no tiene la llave adecuada. Entonces, dobla la apuesta: usa *su* llave en la *segunda* cerradura. Ahora, la caja está *doblemente cerrada*, y usted me la manda de vuelta.

Tampoco puedo hacer demasiado, porque, si bien podría usar mi llave para abrir lo que yo mismo cerré, no puedo abrir la caja, porque ahora *usted* usó su llave. Sin embargo, *uso* mi llave y la dejo cerrada *sólo* con la cerradura de su lado. ¡Y se la mando de nuevo!

Ahora, si usted siguió todo el razonamiento, sólo necesita usar su llave para abrir la caja y leer el mensaje. Es decir, sin habernos intercambiado las llaves, pude mandarle un mensaje secreto. La clave para la seguridad de este método reside en el hecho de que cada uno de nosotros está en posesión de *su llave* sin necesidad de haber hecho ningún acuerdo para intercambiarlas: usted tiene la suya (y la usó) y yo tengo la mía (y también la usé).[40]

Así era como se intercambiaban mensajes antes de que uno aprendiera a *encriptar* usando números primos, como se hace hoy. De todas formas, este sistema tan primitivo (y elemental) fue muy útil y se usó durante muchísimos años. Y ahora, presentado como acabamos de hacer, parece sencillo y casi ingenuo, pero a la vez es muy ingenioso.

Cuando a uno le presentan un problema con la solución incluida, en general, parece una obviedad. Bueno, no *siempre* es así. O en todo caso *siempre* hay una primera vez, una primera idea, uno que lo vio antes.

40 Sería interesante también pensar qué haría usted si quisiera *encriptar* un mensaje, o en todo caso buscar un método por el cual –sin intercambiar las llaves– se pueda mandar un mensaje secreto.

¿Messi o Crespo para patear un penal?[41]

Ahora, un poco de fantasía. Y un "potencial" uso de la matemática para tomar una decisión que –quizás– debería ser sólo futbolística. Acá va.

Se juega la final de la Copa del Mundo en Sudáfrica. Argentina llegó a esta instancia junto con Brasil. El partido terminó empatado, y también hubo empate en los 30 minutos del tiempo suplementario. ¡Habrá que definir por penales!

Son 5 por lado y los jugadores se van alternando. Argentina metió los 4 primeros, y Brasil también. Y como habían empezado los brasileños, les toca el turno a ellos. Patea Ronaldinho y ¡lo erra! Es decir, si Argentina convierte el último penal, es campeón del mundo. Hay una gran tensión en el estadio, y en el banco argentino hay que tomar una decisión. Como no se puede repetir un pateador (hasta no agotar todos los jugadores), el técnico tiene que optar entre Messi y Crespo.[42]

¿Qué hacer? Más allá de los gustos personales, ha llegado el momento de consultar las estadísticas de los últimos años, tanto de los últimos dos como de temporadas anteriores. Por un lado, el año anterior Messi tuvo una efectividad del 65% (metió 13 penales de los 20 que pateó), mientras que Crespo tuvo una efectividad del 60% (metió 6 de los 10 que pateó). Messi fue más efectivo.

Y si uno va dos años para atrás, advierte que sucedió algo parecido: Messi tuvo una efectividad del 87% (metió 7 de 8) y Crespo del 83% (metió 15 de 18).

La decisión parece estar tomada. Basta mirar los datos para deducir que Messi fue más eficiente que Crespo en cada uno de los

41 Este ejemplo me lo propusieron Pablo Coll y Pablo Milrud, quienes, además de amigos, son los productores *matemáticos* del programa *Alterados por Pi*, que se emite por el Canal Encuentro.

42 Este dato contiene un error técnico: la lista de los ejecutores de los penales se tiene que dar de antemano al referí, por lo que esta decisión (de existir en la realidad) debería haber sido tomada *antes* de comenzar a patear los penales.

dos años pasados. Es evidente que debe ser él quien patee el penal... ¿O no?

Aquí, lo dejo con su capacidad para pensar. No vale la pena que lea lo que sigue antes de haber hecho un pequeño esfuerzo en ese sentido. ¿Está bien que lo patee Messi? (Al menos, basados en las estadísticas que están indicadas más arriba.) ¿O hay otro ángulo posible para analizar la misma situación?

Otro punto de vista

Por supuesto que, si la decisión fue que lo pateara Messi, está bien y hay poco que reprochar. Pero, por otro lado, uno también podría interpretar los datos de forma distinta y, en ese caso, la respuesta variaría. Si uno mira los números en forma *global* (o sea, sumando las dos temporadas y *no* considerando cada año por separado), sucede lo siguiente:

Messi: convirtió 20 de 28
Crespo: convirtió 21 de 28

Si uno mira los porcentajes, Messi convirtió el 71,43% de los que pateó y Crespo, el 75%. Y no sólo eso: se ve que Crespo convirtió *un penal* más de los 28 que ejecutaron ambos.

Luego, la decisión del técnico también tiene que ver con la manera de interpretar los datos que va a utilizar.

Por supuesto, no es *este* dato el único que va a considerar. Porque uno podría decir: sí, sumados los dos años, Crespo debería patearlo porque lo favorece el porcentaje. Pero si uno mira lo que está pasando ahora, o en el pasado más reciente, Messi viene de convertir 13 de 20 (el 65%) mientras que Crespo convirtió 6 de los últimos 10 que pateó (el 60%). O sea, si uno prioriza la actualidad, Messi se ve favorecido (y quizás el razonamiento no sea erróneo).

Lo que uno con seguridad no debería hacer es ignorar esta alternativa para leer los datos. En todo caso, lo que uno aprende con este ejemplo (más allá de Messi, Crespo y los penales) es que, muchas veces, cuando uno está enfrentado a un problema donde tiene que elegir entre dos alternativas, la mejor en cada caso individual no necesariamente sigue siendo mejor cuando se mira el caso en forma *global*.

Obviamente, la matemática *no toma la decisión por uno* –al menos, no en este ejemplo– pero lo que sí hace es plantear un ángulo distinto, que uno no puede ignorar si quiere que su elección sea lo más educada posible.

Una estrategia (50 monedas en hilera)

Hay una hilera de 50 monedas. Las monedas *no tienen* por qué ser del mismo valor, pero sí tienen que tener valor, estar en uso.

Hay dos personas que van a competir para llevarse la mayor cantidad de dinero posible. Para ello, tendrán que elaborar una estrategia. Van a elegir una moneda una vez cada uno, alternándose. Pero sólo podrán elegir una de las dos monedas que vayan quedando en los extremos de la hilera a medida que avanza el juego.

Supongamos que usted empieza, o sea, hace el primer movimiento y se queda con la primera moneda. ¿Puede diseñar una estrategia de antemano, de tal forma de saber que se quedará con mayor (o igual) cantidad de dinero que su oponente? Vale la pena pensar un rato porque, aunque no lo parezca, *hay* una estrategia posible y, si bien es poco probable que uno tenga que enfrentarse en la vida con una situación como la descripta acá, sirve para *imaginar escenarios* en los cuales su aplicación quizá le sea de utilidad.

Ahora, lo dejo pensar.

(Solución: 250-251)

¿XX, XC, CC o CX? ¿Cómo apostar? Mejor dicho, ¿cómo tomar una decisión "más educada"?

El siguiente problema fue propuesto por Alex Stone, en la revista *Discover* de febrero de 2007. Como invita a desafiar lo que uno intuye (y eso siempre sirve para mejorar cómo uno piensa), me decidí a repetirlo acá.

Supongamos que uno va a tirar dos veces una moneda.

Los resultados posibles son cuatro:

Cara-Cara (que voy a llamar CC)
Cara-Ceca (CX)
Ceca-Cara (XC)
Ceca-Ceca (XX)

Ahora, le propongo (sí, a usted) que juguemos al siguiente juego: de los cuatro pares posibles (*CC*, *CX*, *XC* y *XX*) usted elige uno. Y yo elijo otro. Luego, empezamos a tirar la moneda repetidamente. No paramos hasta que uno de los dos *gana*.

Vale la pena que aclare que se trata de una secuencia de *muchas tiradas* y gana el jugador que eligió el par *ordenado* que aparezca por primera vez en esa secuencia. Es decir, para poner un ejemplo, supongamos que usted elige *CX* y yo, *CC*. Empezamos a tirar la moneda, y sale la siguiente secuencia en las primeras tiradas…

XXCX...

Aquí paramos, porque ganó usted, ya que salió primero *CX*, el par que usted había elegido.

Si la primera tanda hubiera sido:

XXXCC...

entonces habría ganado yo.

Un último ejemplo: supongamos que usted eligió *CX* y yo, *XC*, y las tiradas fueron:

a) CCCCX	Gana usted.
b) XXC	Gano yo.

Ahora viene lo interesante: le apuesto que *XC* le gana a *CC*. Es decir, lo desafío a jugar por dinero, y le digo que apostemos (digamos) 100 pesos cada uno: usted a favor de *CC* y yo a favor de *XC*.

¿Tengo alguna ventaja al proponerle esto? Es decir, ¿le conviene a usted aceptar la apuesta? ¿Da lo mismo cualquier combinación? ¿O hay algo de lo que "no me estoy dando cuenta" y, por lo tanto, es más probable que salga *XC* que *CC*?

Aquí es donde preferiría que pensara sin ayuda. No lea la solución. Téngase paciencia. Si no tiene tiempo ahora, piénselo más tarde, pero no vale la pena (creo) leer la respuesta. ¿Qué gracia tendría?

(Solución: 251-252)

Seis personas en una fiesta

A ver qué le parece esta afirmación: si uno está en una fiesta donde hay seis personas, entonces habrá por lo menos tres que se conocieron allí o tres que se conocían de antes (tomadas de "a pares").[43] Para aclarar las ideas: si dos personas se conocieron en la fiesta, entonces se dicen *desconocidas*. Si en cambio se conocían desde antes, se dicen *conocidas*.[44]

La idea es que, en cualquier fiesta en la que haya seis personas cualesquiera, según el Teorema de Ramsey, o bien tres son desconocidas (tomadas de a pares) o bien tres son conocidas (tomadas de a pares también).

La manera de demostrar esto es la siguiente: uno marca 6 puntos en un plano y con ellos traza segmentos que los unan, todos

43 Tomados de "a pares" quiere decir que tiene que haber tres personas, de manera tal que si usted elige cualesquiera *dos* de ellas, entonces o bien se conocían de antemano o se conocieron en la fiesta.

44 No se me ocurre ninguna otra forma de llamar a las personas que no se habían visto nunca antes, salvo *desconocidas*, y me doy cuenta de que no *suena* muy bien, pero no me queda alternativa. Espero que se entienda.

con todos. Al hacerlo, uno tiene 15 segmentos.[45] A estos segmentos los coloreamos o bien de negro o bien de gris.

Elijamos un vértice cualquiera y llamémoslo *P*. De este vértice salen 5 segmentos (hacia los 5 puntos que quedan). Como cada segmento puede estar coloreado sólo de dos maneras (negro o gris), quiere decir que, por lo menos, 3 van a ser grises o 3 van a ser negros. ¿Por qué? Porque si no hubiera 3 negros, eso querría decir que hay 2 negros, o 1 negro o ningún negro. Pero en cualquiera de estas situaciones, tiene que haber o bien 3 grises, o 4 grises o 5 grises. Es decir, de cualquier manera tiene que haber, por lo menos, o bien 3 negros o bien 3 grises.

Tomemos, entonces, 3 segmentos del mismo color que salen de *P*. Digamos que son los 3 negros. Entonces, llamemos *A*, *B* y *C* a los 3 vértices a los que llegan esos segmentos.

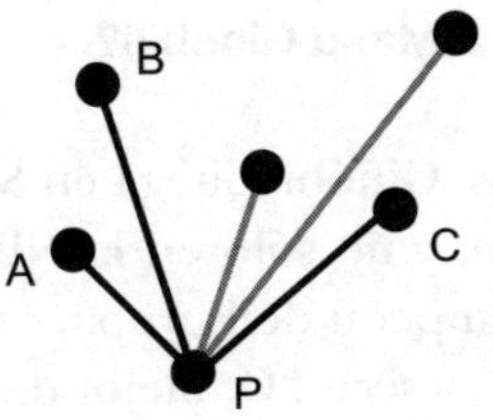

Quiero considerar ahora 3 segmentos más:

AB, AC y BC

Si alguno de ellos (digamos *AB*, para fijar las ideas) es negro, listo, ya tenemos formado un triángulo cuyos 3 lados son negros (el triángulo *PAB*).

Si ninguno de los 3 segmentos *AB*, *AC* y *BC* es negro, entonces, como los 3 tienen que ser grises, uno tiene un triángulo formado por 3 lados grises.

45 Una forma de expresarlo es decir que esto corresponde al combinatorio C(6, 2).

Esto demuestra lo que queríamos probar, ya que, dados los 6 puntos y trazados todos los posibles segmentos entre ellos, y pintados o bien de negro o bien de gris, tiene que haber un triángulo o bien de color negro o bien de color gris.

Esto permite modelar el problema que uno se planteaba respecto de las 6 personas que hay en una fiesta, donde queríamos demostrar que o bien había 3 que eran desconocidas o bien 3 que eran conocidas. Justamente, si consideramos que cada vértice es una persona, y cada color del segmento que las une indica si se conocen o no (por ejemplo, el negro indica que no se conocían de antes y el gris que sí se conocían de antemano), con lo que acabamos de ver, hemos demostrado que o bien 3 eran conocidas de antes o bien 3 eran desconocidas.

¿Cuántos minutos para Manu Ginóbili?

Desde hace varios años, Ginóbili juega en San Antonio. Sale campeón bastante seguido, y no sólo en la NBA, ya que también es campeón olímpico, campeón de Europa, campeón de Italia... Es, en verdad, *campeón*, así, a secas. O, mejor dicho, *supercampeón*. Probablemente sea el atleta profesional argentino más importante de este siglo.

Sin embargo, a pesar de todos estos antecedentes, el director técnico de su equipo, Greg Popovich, no lo incluye en el equipo titular. Ha cambiado en los últimos partidos, pero, en general, Manu empieza los partidos como si fuera un suplente más. El propio Popovich dijo alguna vez que "sentarlo a Ginóbili en el banco es como sentar allí a toda la Argentina".

Muchas veces me han preguntado por qué y, por supuesto, ignoro las verdaderas razones. Sólo puedo hacer conjeturas, como casi todo el mundo. Sin embargo, hay algo que la matemática puede aportar. Sí, leyó bien: la matemática. Y me gustaría hacer esta suerte de ejercicio mental.

Los partidos de la NBA duran 48 minutos. No hay ningún jugador que juegue *todos los minutos*. En todo caso, los que promedian más tiempo en la cancha no llegan a los 43 minutos (Raja Bell en Phoenix o Deron Williams en Utah, en la temporada 2007-2008).

Y ésa es una de las claves para tener en cuenta. El técnico *tiene que elegir* qué jugadores pone en cada momento del partido considerando qué jugadores presenta el rival, cuáles son los "apareamientos" que más le convienen, el resultado parcial y, además, cuán cansados están. Más aún: cuando cambia a alguno de los titulares por los suplentes, necesita que en esos minutos el equipo no se desintegre ni se desbalancee.

Falta poco para llegar al momento de la matemática. San Antonio tiene tres jugadores "estrella": Tim Duncan, Tony Parker y Manu Ginóbili (en algún orden que usted puede alterar. Pero, por respeto, ubico último al argentino). Si uno analiza la cantidad de minutos que han jugado en los 82 partidos de la serie regular (que clasifican para los *playoffs*), descubre ciertos *patrones* que sigue el técnico Popovich. Por supuesto, en un mundo ideal, le convendría que los tres jueguen *todos* los minutos que dura el partido. Pero como eso es imposible (o indeseable), Popovich tiene las siguientes restricciones:

1) Duncan tiene que jugar 34 minutos.
2) Parker tiene que jugar 33 minutos.
3) Ginóbili tiene que jugar 31 minutos.
4) Duncan, Parker y Ginóbili tienen que jugar los últimos 5 minutos de cada partido.
5) Mientras que Duncan y Parker empiezan jugando juntos los primeros 8 minutos, Ginóbili espera su turno en el banco.
6) Popovich quiere que al menos uno de los tres esté siempre en la cancha jugando.

Por supuesto, los seis puntos que escribí arriba no están marcados a fuego. Son sencillamente patrones. Y, obviamente, han cambiado para los *playoffs*, porque Ginóbili jugó los últimos partidos como titular, y entonces todas las teorías y conjeturas quedan anticuadas. Pero igualmente quiero mostrar cómo debe intervenir la matemática en las decisiones del *staff* técnico de San Antonio.

La pregunta es: ¿se puede diseñar una estrategia para que Popovich logre lo que quiere? (que se cumplan los seis puntos). Aquí es donde quiero compartir algunos razonamientos, de los cuales participaron activamente Alicia Dickenstein, Pablo Milrud y Pablo Coll,[46] a quienes les pedí que me ayudaran a dilucidarlo.

Si los tres tienen que jugar los últimos 5 minutos, entonces podemos hacer de cuenta que el partido dura 43 minutos. Por otro lado, como Duncan y Parker tienen que jugar los primeros 8 minutos obligatoriamente, entonces las "igualdades" que resultan son las siguientes:

– Duncan: como juega 34 minutos en total, 8 minutos al principio y 5 al final, quedan por distribuirle:

34 – 8 – 5 = 21 minutos

– Parker: por las mismas razones, le quedan por distribuir:

33 – 8 – 5 = 20 minutos

– Ginóbili: igual, le quedan por distribuir:

31 – 5 = 26 minutos

La razón para que esto suceda es que tanto a Duncan como a Parker les "resto" los minutos que con seguridad estarán en la cancha,

46 Mi gratitud a Alicia (Dickenstein) y los dos Pablos (Coll y Milrud). Ellos pensaron el problema por separado y lo resolvieron sin inconvenientes. Una lástima que Popovich no los llame para consultarlos...

lo mismo que a Ginóbili (aunque la diferencia en la ecuación es que Manu no está obligado a jugar los primeros 8 minutos).

Por lo tanto, los minutos que quedan por distribuir para cada jugador son:

Duncan = 21
Parker = 20 (*)
Ginóbili = 26

Lo que *sí* importa es que *uno de los tres* tiene que estar siempre en la cancha.

En el mundo ideal, lo que Popovich quiere es que los tres jueguen la mayor parte del tiempo juntos. Pero como no puede lograrlo (y él lo sabe), tiene que tratar de que el tiempo que van a estar juntos (que voy a llamar *X*) sea el máximo posible. Es decir, se trata de *maximizar* el número *X*, teniendo en cuenta *todas las restricciones* que escribí antes.

¿Cuántos minutos quedan para que jueguen los tres juntos? Es decir, como en los últimos 5 minutos ya se sabe que jugarán los tres, pareciera que quedan 43 minutos. Pero, por otro lado, como en los primeros 8 minutos juegan solamente Duncan y Parker, mientras que Ginóbili está en el banco, entonces, hay que restar esos 8 minutos de los 43, porque ya se sabe que allí no jugarán los tres juntos. En conclusión, solamente quedan por distribuir 35 minutos de los 48 que dura el partido.

Ahora viene una cuenta preciosa.

Queremos que el número *X* sea el mayor posible (y sabemos que a lo sumo *será* 35). Es decir, idealmente, si pudiera, Popovich trataría de que *X* fuera 35. Pero esto no va a resultar así.

Por un momento, quiero agregar una restricción para facilitar la comprensión del problema. Veamos qué sucede si en ningún momento de esos 35 minutos hay dos de ellos jugando con el tercero en el banco. Es decir, quiero que la cantidad *X* de minutos que están los tres jugando juntos sea la máxima posible, y que en el resto del tiempo haya uno solo de los tres en la cancha. Es decir:

a) *X* es la cantidad de minutos que van a estar los tres en la cancha jugando juntos.
b) (21 – *X*) son los minutos que le quedan por jugar a Duncan *solo* (sin ninguno de los otros dos compañeros).
c) (20 – *X*) son los minutos que le quedan por jugar a Parker *solo* (sin Duncan ni Ginóbili).
d) (26 – *X*) son los minutos que le quedan por jugar a Manu *solo* (sin Duncan ni Parker).

¿Entiende por qué? Es que, como escribí en (*), a Duncan le quedan 21 minutos por jugar, a Parker 20 y a Ginóbili 26. Entonces, le tengo que restar *X* a cada uno, si quiero calcular la cantidad de minutos que van a jugar solos.

Ahora, puedo escribir la siguiente ecuación, que explico más abajo. Y le pido que no se asuste con la palabra "ecuación", que sólo es una manera de representar los datos que tenemos, y las incógnitas también.

$$X + (21 - X) + (20 - X) + (26 - X) = 35 \qquad (**)$$

Justamente, ésa es la *ecuación* que resume todo lo que queremos que pase, ya que Popovich tiene 35 minutos para distribuir, y la *X* representa el tiempo que estarán los tres jugando juntos, y los otros tres datos (los que figuran entre paréntesis) son los minutos que juega cada uno solo.

Si uno hace la cuenta, y trata de *despejar* la *X*, se encuentra con:

$$67 - 2X = 35$$

Por lo tanto, *pasando de miembro* se tiene:

$$67 - 35 = 2X$$

Luego,

$$32 = 2X$$

O sea, hemos descubierto que $X = 16$. O sea, los tres podrán jugar juntos 16 minutos. Pero, además, se deduce lo siguiente:

1) Duncan jugará 21 – X = 21 – 16 = 5 minutos solo
2) Parker jugará 20 – X = 20 – 16 = 4 minutos solo
3) Ginóbili jugará 26 – X = 26 – 16 = 10 minutos solo.

Con todo derecho, usted debe estar pensando: "Sí, pero eso sucedía usando una restricción extra que fue no permitir que jueguen nunca de a dos". Y si usted está pensando eso, tiene razón. Sin embargo, sígame en el siguiente razonamiento. Supongamos que hubiera una solución mejor (es decir, en la que los 3 jugaran juntos al menos 17 minutos) sin imponer la condición a priori de que en el resto del tiempo nunca haya dos de los tres en la cancha. Por ejemplo, supongamos que pudiéramos encontrar una solución en la que los tres juegan juntos 17 minutos.

1) A Duncan le quedarían 21 – 17 = 4 minutos para jugar.
2) A Parker le quedarían 20 – 17 = 3 minutos.
3) A Ginóbili le quedarían 26 – 17 = 9 minutos.

Pero,

17 + 4 + 3 + 9 = 33 minutos

de modo que nunca se podrían cubrir los 35 minutos… O sea que la condición que pedimos se cumple automáticamente en la mejor solución.

Luego, $X = 16$ es el máximo tiempo posible en que podrán estar los tres jugando juntos.

Para terminar, un breve resumen. Lo que sigue es una tabla con los minutos que juega cada uno y la explicación pertinente.

Minutos	Jugadores
8	Juegan Duncan y Parker juntos (sin Ginóbili) al principio del partido.
5	Juegan los tres juntos al final.
16	Juegan los tres juntos en cualquier momento (cuando decida Popovich).
5	Juega Duncan solo.
4	Juega Parker solo.
10	Juega Ginóbili solo.
48	minutos totales

Moraleja: Con las restricciones que se desprenden de lo que hicieron en la temporada regular, los tres jugarán juntos 21 minutos por partido, incluidos los 5 minutos finales. Es decir, cuando uno mira todas estas cuentas, descubre por qué Popovich distribuye los minutos de esa forma. O mejor dicho, encuentra una potencial explicación de por qué lo hace. ¿Sabrá él que desde la Argentina lo estamos ayudando?

Pero...

¿Qué pasaría si uno *modificara ligeramente* alguna de las condiciones? Por ejemplo, ¿qué pasaría si uno liberara la condición de que Duncan y Parker jueguen juntos los primeros 8 minutos del partido y que Ginóbili mientras tanto esté sentado en el banco?

En este ejemplo, igual que en el caso anterior, voy a suponer que *X* es la cantidad máxima de minutos con los tres jugadores en la cancha, y que nunca van a jugar en parejas con el otro sentado en el banco. Ahora, *hay más minutos para distribuir.* Es decir, Popovich tiene ahora los 48 minutos para decidir cómo los usa.

Como *X* es la cantidad de minutos que los tres jugarán juntos, entonces:

1) (34 – X) minutos jugará Duncan solo.
2) (33 – X) minutos jugará Parker solo.
3) (31 – X) minutos jugará Ginóbili solo.

Ahora, se presenta una ecuación parecida a la que figura más arriba:

$$X + (34 - X) + (33 - X) + (31 - X) = 48 \qquad (*)$$

¿Entiende por qué pongo ahora 48 en lugar de 35? Es que, como no hay restricciones respecto al tiempo que tienen que jugar juntos Parker y Duncan al principio del partido, el técnico tiene los 48 minutos completos para elegir.

Haciendo la cuenta para *despejar* la *X* en la ecuación (*), tenemos:

$$98 - 2X = 48$$

Luego,

$$50 = 2X$$

por lo que resulta

$$X = 25$$

En consecuencia, jugarán 25 minutos los tres juntos:

(34 – 25) = 9 minutos jugará Duncan solo
(33 – 25) = 8 minutos jugará Parker solo
(31 – 25) = 6 minutos jugará Ginóbili solo

Y, al igual que en el caso anterior, si uno quisiera *aumentar* el número de minutos durante los cuales jugarán los tres juntos, digamos llevarlo de 25 a 26, veamos qué sucede:

X = 26
Duncan (34 – 26) = 8
Parker (33 – 26) = 7
Ginóbili (31 – 26) = 5

Si ahora sumo, tengo 26 + 8 + 7 + 5 = 46, por lo que, como no alcanzan los 48 minutos de partido, obligaría a Popovich a jugar 2 minutos *sin ninguno de los tres jugadores.*

> **Moraleja:** 25 minutos es el tiempo *máximo* que pueden jugar juntos sin la restricción inicial de que Duncan y Parker empiecen el partido con Ginóbili sentado en el banco.

Y queremos dos en la cancha

¿Qué pasa si uno quiere que haya por los menos *dos de los tres* la mayor cantidad de tiempo posible, conservando la condición de que Duncan y Parker juegan los primeros 8 minutos de partido y Ginóbili empieza en el banco… y, además, los tres tienen que jugar los últimos 5 minutos?

Como ya sabemos lo que pasa en 13 de los 48 minutos (los primeros 8 los juegan Duncan y Parker y los últimos 5, los tres simultáneamente), quedan 48 – 13 = 35 minutos por distribuir.

Pero como uno sabe también que Duncan juega 34 minutos, de los cuales 13 ya sabemos cuándo y con quién, resulta esto:

- Duncan: le quedan por jugar 34 – 13 = 21 minutos
- Parker: le quedan por jugar 33 – 13 = 20 minutos
- Ginóbili: le quedan por jugar 31 – 5 = 26 minutos

Pero si queremos que siempre haya *dos* de ellos en la cancha en esos 35 minutos, eso significa que hacen falta 70 minutos entre los dos jugadores (sumando los 35 minutos que tiene que jugar cada uno).

Aun así, como quedan

21 + 20 + 26 = 67 minutos entre los tres

entonces *no alcanzarían* para que se pueda cumplir esa regla.

O sea, podrían jugar siempre dos de los tres en 32 minutos de los 35, pero en este caso *habría 3 minutos* en los que *no jugaría ninguno de los tres.*

Como se ve, uno puede *relajar* algunas restricciones y ampliar el número de minutos que jueguen juntos o en pareja, pero, afortunadamente, de una u otra forma, es Popovich el que elige. Y la matemática –si él quiere (o quiso)– lo ayuda a tomar la decisión más educada.

A menos que...

Si se relajara la última condición de modo que al final estén los tres juntos 2 minutos en lugar de 5 minutos, entonces *sí* se podría tener *siempre* a dos en la cancha.

Esto surge de que, como se sabe que hay 8 minutos iniciales en los que juegan Duncan y Parker, y 2 minutos finales en los que juegan los tres juntos, ya hay asignados (8 + 2) = 10 minutos de los 48.

Quedan por distribuir 38 minutos.

Analicemos caso por caso:

- Duncan juega seguro: 8 + 2 = 10 (8 iniciales y 2 finales). Como en total juega 34 minutos, quedan por distribuirle (34 – 10) = 24 minutos.
- Parker juega seguro: 8 + 2 = 10 (8 iniciales y 2 finales). Como en total juega 33 minutos, quedan por distribuirle (33 – 10) = 23 minutos.
- Ginóbili juega seguro sólo los 2 minutos finales. Como en total juega 31 minutos, quedan por distribuirle (31 – 2) = 29 minutos.

Si ahora sumo los minutos que tiene para jugar cada uno, o sea...

24 + 23 + 29 = 76 minutos

esto indica que siempre pueden jugar dos juntos durante los 38 minutos que hay para distribuir.

En definitiva, de una u otra forma la matemática coopera en la decisión, pero *no determina* en qué momentos del partido el técnico usa a cada jugador ni cuándo lo deja en el banco, ni qué combinación es la mejor. Pero, ciertamente, aprovechándose de ella (de la matemática) es posible determinar *cuál es el número máximo de minutos* que pueden estar juntos en la cancha respetando los *patrones* que el técnico diagramó al principio.

Encontrar el número perdido

Prepárese para sorprenderse por un rato.

Elija un número cualquiera de cuatro dígitos. Hágalo aunque yo no lo pueda ver. Mientras tanto, yo uso:

1236

como ejemplo, pero cualquiera sirve.

Ahora, permute las cifras. Es decir, mezcle los dígitos que eligió hasta formar *otro* número de cuatro dígitos. En este caso, yo intercambio 1, 2, 3 y 6, y pongo:

6123

Por supuesto, esto es solamente un ejemplo. Usted haga lo mismo con el suyo. Ahora, prepárese para *restarlos*. Es decir, ponga el mayor de los dos (en mi caso 6123) *arriba,* y el menor (1236), *abajo.* Se tiene:

$$\begin{array}{r} 6123 \\ -\ 1236 \\ \hline 4887 \end{array}$$

Seguro que obtuvo un número de cuatro cifras como yo (aunque empiece en 0... Aceptemos al "0" como corresponde: como un dígito). Elija *uno* de los cuatro –que no sea un *0*– y destáquelo con un marcador o póngale un círculo alrededor. O sea, seleccione un dígito cualquiera *–salvo un 0–* y póngale un círculo alrededor. En mi caso, voy a elegir el 7.

4887

Si usted estuviera conmigo en la misma habitación, le pediría que me dijera las *tres cifras restantes*. En este caso, me diría:

4, 8 y 8 (*)

Y yo le diría, entonces, que el número al que le puso el círculo es un 7. ¿Cómo lo supe? ¿Cómo saber?

Por supuesto, antes de leer la solución le hago la invitación de siempre: trate de *buscar* cómo hacerlo. Pruebe con diferentes ejemplos. Póngale un círculo a *otro* de los dígitos en el ejemplo que eligió. Busque un patrón. Busque *algo* que le permita conjeturar qué hay que hacer.

Ahora, sigo yo. Revise en mi ejemplo, pero tenga el o los suyos a mano. Hay que *saber* dos cosas (muy sencillas). La primera es la tabla del 9. O sea,

9, 18, 27, 36, 45, 54, 63, 72, 81 (**)

Ya está bien. No es necesario conocer más múltiplos.

Por otro lado, sume los 3 dígitos que me dijo (o sea, los tres que quedaron una vez que le puso un recuadro al cuarto). En mi caso, resalté el 7 (que es el número que había que averiguar). Por lo tanto, los otros 3 dígitos que quedaron fueron 4, 8 y 8, como se ve en (*):

4 + 8 + 8 = 20

Ahora, ¿cuánto le falta a 20 para llegar hasta el siguiente múltiplo de 9? Fíjese en (**). El próximo múltiplo es 27 (el más cercano a

20 yendo hacia arriba). Por lo tanto, lo que le falta a 20 para llegar a 27 es justamente... ¡7! (y ése es el número que estaba buscando).

Hágalo usted con sus ejemplos y compruebe que el método funciona. Claro, todavía falta saber *por qué,* pero eso lo dejo para que lo pensemos juntos un poco más abajo.

Antes voy probar con dos ejemplos (breves) más. Si en lugar de haberle puesto un recuadro al 7, se lo hubiera puesto al 4, entonces los tres dígitos restantes habrían sido: 7, 8 y 8. Luego, al sumarlos:

7 + 8 + 8 = 23

y una vez más, si uno se fija en el *siguiente* múltiplo de 9 que le sigue a 23, otra vez es el número 27. ¿Y cuánto le falta a 23 para llegar a 27? ¡4! (que es lo que buscábamos).

Último ejemplo. Elijamos:

9320

Los cambio de lugar:

3902

Los resto:

$$\begin{array}{r} 9320 \\ -\ 3902 \\ \hline 5418 \end{array}$$

Ahora, elijo uno cualquiera y lo resalto. Digamos el 1. Entonces, se tiene:

54[1]8

En este caso, cuando le pida que me diga los tres dígitos restantes, escucharía:

8, 5 y 4 (no importa el orden)

Los sumo:

8 + 5 + 4 = 17

Luego, el *siguiente* múltiplo de 9 es el 18. ¿Cuánto le falta a 17 para llegar a 18? Justamente *1*. Y ésa es la respuesta correcta.

A esta altura, le sugeriría que pruebe con más ejemplos y piense por qué pasa lo que pasa. Créame que vale la pena que lo haga en lugar de leer la solución.

(Solución: 253-254)

Baúl de curiosidades

Suma rápida

Sume mentalmente los números que están abajo, tapando con su mano la lista y descubriéndolos uno a uno.

1000
40
1000
30
1000
20
1000
10

Una vez que llegó al último, piense qué resultado obtuvo. No mire lo que sigue. Piense.

Ahora sí, siga.

Si le dio 5000 está mal, da 4100. Lo interesante es observar cómo funciona nuestro cerebro. Así como muchas veces uno no presta atención a lo que le están hablando porque *completa la frase* con lo que a uno le *parece* que la otra persona va a decir, lo mismo hacemos con los números: rellenamos lo que nos falta saber con lo que *nos parece* que tiene que pasar.

99 por ciento de "certeza"[47]

Muchas veces en la vida cotidiana, frente a cualquier afirmación que uno hace, necesita cuantificar *cuán seguro está*. Por ejemplo, si uno dijera: "Estoy 99% seguro de que apagué el calefón", es porque tiene un grado de certeza del 99% respecto de lo que sostiene.

Uno podría preguntarse: ¿cómo demostraría esta persona que *en* realidad tiene 99% de certeza de que apagó el calefón? ¿Cómo cuantificarlo?

Podríamos proponerle el siguiente ejercicio: usted dice que está 99% seguro de que apagó el calefón. Bien. Eso significa que, si tuviera un frasco con 100 bolitas, de las cuales 99 son blancas y 1 es negra, y le diera las siguientes alternativas para que elija:

a) saque una bolita del frasco; si es blanca, le pago $1.000,
b) vayamos hasta donde está el calefón; si está apagado, le pago los 1.000 pesos también,

entonces, a usted debería darle lo mismo optar por cualquiera de las dos posibilidades.

Lea bien las alternativas. Si usted está 99% seguro de que apagó el calefón, ir hasta la casa para verificarlo o sacar una bolita blanca (de las cuales hay 99 dentro del frasco que contiene 100) no debería representar *ninguna* diferencia.

Más aún, ¿en qué caso optaría por ir a la casa? *Sólo* si estuviera 100% seguro. Porque, si así fuera, ¿para qué correr el riesgo de sacar la bolita negra y perder los 1.000 pesos, cuando yendo hasta su casa tiene la seguridad de que encontrará el calefón apagado? Pero, salvo en ese caso (el de la certeza del 100%), deberían darle lo mismo una cosa y la otra.

47 Este texto está inspirado en un artículo de Keith Devlin, publicado en la revista de la Asociación Matemática de los Estados Unidos. Nuevamente, reconozco los créditos y asumo los errores.

Avancemos. Supongamos que esta persona dice que está 90% segura de que apagó el calefón. En este caso, nosotros modificamos la cantidad de bolitas blancas y negras (ponemos 90 blancas y 10 negras) y hacemos la misma oferta. Es decir, le doy 1.000 pesos en cualquiera de estos dos casos:

a) si usted mete la mano en el frasco y saca una bolita blanca;
b) si vamos hasta su casa y verificamos que el calefón está apagado.

Igual que en el caso anterior, si está *90% seguro* de que apagó el calefón, no debería haber diferencia entre una alternativa y otra. Y si prefiere ir hasta su casa es porque le parece menos arriesgado verificar que el calefón está apagado que sacar una bolita negra. Y como hay sólo 10 bolitas negras, eso quiere decir que tendría una certeza mayor que el 90% de que apagó el calefón. Es decir: uno puede optar entre las dos alternativas: ir a la casa y verificar que el calefón está apagado, o meter la mano en el frasco y retirar una bolilla. Si en el frasco hay 10 bolitas negras, eso quiere decir que el porcentaje a favor de sacar una blanca es 90%, que debería ser igual a la certeza que usted tiene de que apagó el calefón. Si prefiriera ir a su casa, sería porque cree que el porcentaje de seguridad de que el calefón esté apagado es superior a un 90%. Si le da lo mismo, es indistinta cualquiera de las dos posibilidades que elija.

Estos dos ejemplos (el del 99% y el del 90%) muestran cómo sostener una afirmación. Naturalmente, uno podría seguir descendiendo en el grado de seguridad (de que apagó el calefón).

Y acá quería llegar: habrá un primer momento en que en el frasco habrá *N* bolitas blancas, cuando usted pensará: "Me conviene ir hasta casa y verificar que el calefón está apagado antes que sacar una bolita del frasco y aspirar a que sea blanca". *Ése* será el momento en que uno podrá decir que el grado de certeza de que apagó el calefón es *exactamente* del *N*%.

Este razonamiento, si bien fue reproducido por Keith Devlin, tiene un autor original: el italiano Bruno de Finetti (13 de junio de 1906-20 de julio de 1985). De Finetti nació en Innsbruck, Austria, pero estudió en las universidades de Milán, de Trieste y de Roma, en Italia. Es considerado hoy el matemático "italiano" aplicado más reconocido del siglo XX. Él fue quien diseñó este proceso que agrega precisión y quita "vaguedad" a quienes decimos: "Estoy 83% seguro de que usted entendió este artículo... ¿O me equivoco?".

Otro atentado a la intuición

Si tuviera que decidir entre dos alternativas sin saber cuál de las dos es más favorable, ¿qué haría? Uno puede, por ejemplo, tirar una moneda y elegir. O apelar a la intuición... y confiar en una corazonada. Este capítulo prueba que uno puede hacer algo mejor. Sígame.

A lo largo del tiempo, aprendí y leí sobre muchísimos ejemplos que atentaron contra la intuición que tenía. Luego, los compartí. Los probé con mis alumnos, con mis amigos, con la gente que tengo alrededor... Y nos divertimos discutiendo caso por caso.

Ahora quiero proponerle pensar una situación muy interesante y cuya solución es muy "antiintuitiva"... Tanto que es muy probable que le cueste creer que es cierta. En todo caso, a mí me llevó mucho tiempo entender que sí, que se puede.

Los trabajos que voy a usar como referencias fueron publicados por dos matemáticos: uno es el belga F. Thomas Bruss, de la Universidad Libre de Bruselas (Université Libre de Bruxelles), y el otro es el norteamericano Thomas Cover, de la Universidad de Stanford. A ellos les corresponde *todo* el crédito de lo que escribo aquí.

Es viernes. Usted acaba de comprar una casa y necesita entregar el dinero el lunes siguiente (tres días después). El problema es que ha tratado de vender la suya durante mucho tiempo, sin intermediarios. Puso un aviso en el diario y, luego de haber escuchado y analizado todas las ofertas, redujo todo a dos posibles candidatos (a los que voy a identificar como *A* y *B*).

El señor *A* le dijo que le haría una oferta el sábado, y el señor *B* haría su oferta final el domingo. Usted ya investigó que ambos son personas serias y siempre han cumplido sus compromisos verbales. Además, ambos tienen los fondos suficientes para concretar la operación en el acto.

El problema es que ninguno de los dos puede esperar. El señor *A* hará su ofrecimiento el sábado y quiere tener la respuesta el mismo día. Y el señor *B*, lo mismo, pero el domingo. Más aún: como usted no sabe qué va a ofrecer cada uno, duda sobre qué hacer. ¿Le conviene aceptar directamente la oferta de *A* el sábado y ya no tener su casa disponible para siquiera escuchar a *B*? ¿Y si el señor *B* iba a hacer una mejor oferta?

Como se advierte, más allá del caso particular de una casa, este problema o este dilema refleja lo que nos suele pasar muchas veces en la vida cotidiana. Uno está forzado a tomar una decisión sin conocer todos los datos. ¿Qué hacer? Usted, ¿qué haría?

Como es fácil advertir (hasta acá), con lo que uno sabe no tiene más remedio que elegir basándose en el *gusto*, en *una corazonada...* casi como elegir *al azar*. Es decir, uno tiene 50% de posibilidades de elegir la oferta más conveniente. O sea, la probabilidad de elegir la oferta más alta es 1/2.

Y aquí es donde interviene lo que hicieron tanto Cover en Estados Unidos como Bruss en Bélgica. Aunque parezca increíble, *se puede mejorar* esa probabilidad. Es decir, hay maneras de elaborar una estrategia que le permita, a quien quiera vender una casa en las condiciones que expliqué más arriba, tener una chance que supere el 50%.

Para hacer más fácil la lectura, voy a reducir el ejemplo a un caso con dos números cualesquiera *A* y *B* (que son los equivalentes de las ofertas que harán los señores *A* y *B* el sábado y el domingo respectivamente). Hagamos de cuenta que cada oferta está escrita en un papel y usted no las puede ver. Acá aparece ahora *la nove-*

dad: usted elige entonces un número cualquiera *Z*. En el ejemplo de la casa, el número *Z* sería el valor que para usted deberían pagarle por su propiedad. Si las ofertas que le van a hacer fueran ideales, *Z* tendría que estar en el medio entre ambas. Pero, en realidad, *Z* es, en principio, un número cualquiera.

Ahora, cuando ya tiene el número *Z* elegido, da vuelta el cartón que contiene el número *A*. Si *A* es mayor que el número *Z* que eligió usted, entonces se queda con la oferta de *A*. En cambio, si *Z* es mayor que *A*, entonces usted elige *B*.

Como se advierte, la estrategia es muy sencilla. En todo caso, lo que habría que demostrar es que esto *mejora* el 50% de posibilidades originales al elegir al azar (véase el apartado "Demostración").

Pongamos un ejemplo. Supongamos que *A* = 70 y *B* = 90. Claro, usted no lo sabe, porque no puede ver los números que figuran en los papeles (así como no podría conocer las ofertas que van a hacer por su casa).

Por supuesto, *Z* puede ser:

a) Menor o igual que 70.
b) Mayor o igual que 90.
c) Estar entre 70 y 90.

¿Me siguió hasta acá? No hay otras alternativas posibles.

Veamos lo que sucede si uno analiza caso por caso, suponiendo que *Z* puede tomar *uno* de estos tres valores:

a) Z = 60
b) Z = 100
c) Z = 80

En el caso (a), cuando *Z* = 60, entonces, de acuerdo con la estrategia establecida, uno se queda con *A* (que es igual a 70). Como se ve, en esta situación uno pierde la oportunidad de elegir la oferta mayor, que hubiera sido 90.

En el caso (b), cuando $Z = 100$, como Z es mayor que A (porque 100 es mayor que 70), entonces uno elige 90 (y se queda con la mejor oferta). Por último, en el caso (c), cuando $Z = 80$, también elige 90 (porque 80 es mayor que 70, o sea, Z es mayor que A). Y una vez más, uno se queda con la oferta mayor.

Más aún: en el caso en que usted elija un número Z que esté en el medio entre A y B, siempre se quedará con la oferta mayor, independientemente de cuál sea mayor entre A y B (haga la cuenta repitiendo la estrategia escrita más arriba).

Por supuesto, esto no demuestra que es mejor utilizar este método que elegir al azar (vea la demostración más abajo), pero sí da una idea de lo que conviene hacer. Cuando tenga que optar, entonces, entre dos ofertas que aún no conoce, trate de imaginar un número que esté en el medio de dos posibilidades. De esa forma, tiene garantizado que siempre (en realidad, en la mayoría de los casos, con una probabilidad mayor a 0,5) elegirá la más conveniente.

En todo caso, la matemática *ayuda* a mejorar lo que la intuición dicta. Es decir, uno elegiría de acuerdo con la impresión del momento, con una *corazonada*, o directamente al azar. Y lo que parecía/parece inalcanzable (darse a uno mismo una chance mayor al 50%), sin embargo, es posible.

Demostración

Ésta es la demostración de que la estrategia mejora la probabilidad del 50% que se obtiene si uno elige al azar entre las dos ofertas.

Entre los dos números A y B habrá alguno de los dos que será el menor. Lo llamo m. De la misma forma, llamo M al mayor de los dos.

Luego, al elegir Z, los tres escenarios posibles son (ordenando los números de menor a mayor):

a)	m	M	Z
b)	Z	m	M
c)	m	Z	M

Como uno advierte, tiene que darse una de las tres posibilidades.

La estrategia dice que primero hay que dar vuelta el número *A*. Si es mayor que el *Z* que usted eligió, quédese con él. En cambio, si *A* es menor que *Z*, elija *B*. Así de fácil.

Analicemos ahora los casos (a), (b) y (c).

En el caso (a), usted elegirá el número *B* (porque *Z* es mayor que los dos números). En el caso (b), elegirá *A* (porque *Z* es menor que los dos números). Finalmente, en el caso (c), elegirá el mayor número entre *A* y *B*, porque *Z* está entre los dos. Es decir, si *A* es *menor* que *B*, entonces *Z* (como está entre los dos) será mayor que *A* también, y por lo tanto usted elegirá *B*, que es la mejor oferta. En cambio, si *A* es *mayor* que *B*, pensando otra vez que *Z* está en el medio de los dos, *A* resultará ser *mayor* que *Z* también, y por lo tanto usted se quedará con *A*, que es, nuevamente, la oferta mayor.

> **Resumen:** En los casos (a) y (b), la estrategia *no mejora* el azar. En cambio, en el caso (c), *usted gana* seguro porque elige el mayor de los dos.

Luego, si llamamos *a*, *b* y *c* a las respectivas probabilidades, se obtiene:

a) Por un lado, que a + b + c = 1 (porque alguno de los casos tiene que suceder).

b) Por otro lado, si llamo *w* a la probabilidad de que usted gane, entonces, esa probabilidad se calcula así:

$$\mathbf{w = a / 2 + b / 2 + c}\text{[48]}\mathbf{ = (a + b + c) / 2 + c / 2 = 1/2 + c / 2}$$

48 La probabilidad se calcula así porque uno tiene:

a = probabilidad de que Z sea menor que A y B.
b = probabilidad de que Z sea mayor que A y B.
c = probabilidad de que Z esté entre A y B.

Por un lado, es claro que *a* + *b* + *c* = 1 (porque alguno de los tres casos tiene que suceder). Por otro lado, en los casos (a) y (b) uno

Y esto muestra que la probabilidad w es entonces *mayor* que 1/2 (ya que no importa cuál sea el número c, siempre es mayor que 0).

Por supuesto, uno elige un número que tenga alguna relación con el objeto en cuestión. O mejor dicho, puede elegir lo que quiera, pero sus posibilidades de mejorar su probabilidad aumentan cuanto mejor "lea" la situación.[49]

Finalmente, podemos ofrecer otra explicación de que se puede mejorar la probabilidad, sin necesidad de dar una explicación "tan matemática".

Si el número Z que elegí no está *entre* A y B, entonces, la probabilidad al elegir cualquiera de las dos ofertas no varía; ¡sigue siendo 1/2! En cambio, si Z está *entre* los dos (entre A y B), entonces, la estrategia me indica que elija la *mejor* de las dos ofertas, o sea, el número más grande entre A y B.

Como la probabilidad de que Z esté *efectivamente* entre los dos –que llamé c– *no es nula,* entonces mejoré el 1/2 con el que había empezado originalmente. Si Z es menor que el mínimo o mayor que el máximo, la probabilidad no varía: es 1/2. En cambio, si Z está entre los dos, la estrategia me sugiere quedarme con la mejor oferta.

Y como la probabilidad de que elija Z con un valor entre los dos (llamada c en el ejemplo) no es nula... entonces, mejoro el 1/2 en esa probabilidad (habría que salvar el caso en que las dos ofertas

---

tiene la mitad de las posibilidades de "acertar", según si A es mayor que B, o al revés. Por eso, la probabilidad es la mitad en cada caso. Sin embargo, en el caso (c) uno *gana seguro,* porque elige *siempre* el mayor de los dos números.

49 Existen diversas referencias bibliográficas para esta demostración: F. Thomas Bruss, "Unerwartete Strategien", *Mitteilungern der Deutschen Mathematikervereinigung*, Heft 3, 6-8, 1998; F. Thomas Bruss, "Der Ungewissheit ein Schnippchen schlagen", *Spektrum der Wissenschaft*, Juni Heft, 106-107, 2000; Thomas M. Cover, "Problem 2.5: Pick the largest number", *Open Problems in Communication and Computation*, Springer Verlag, Nueva York, 1987; F. Thomas Bruss, *Playing a Trick on Uncertainty*, Université Libre de Bruxelles.

sean iguales, pero entonces c es 0, de modo que la estrategia determina que elija la mejor oferta aun sin saberlo).

Una curiosidad de la aritmética

Le propongo un problema. Se va a dar cuenta inmediatamente de que es muy sencillo de resolver. Pero la gracia está en otro lado, no tanto en el *qué pasa* sino en el *por qué pasa*.

Elija un número cualquiera de tres dígitos (preferentemente distintos, pero no tiene importancia si no es así). Como no puedo ver lo que usted eligió, lo hago yo acá: tomo el 345. Replíquelo. Es decir, haga una copia de él y péguelo al anterior. En el caso del 345, se tiene

345.345

Ahora, necesito que haga *tres* divisiones. (¡Vamos! ¡Son sólo divisiones! ¡No debería ser nada grave!) Tome el número que obtuvo (en mi caso 345.345), y divídalo sucesivamente, primero por 7, luego por 11 y al final por 13. (En realidad, uno podría hacer las divisiones en cualquier orden.) ¿Qué obtuvo?

Sí, aunque no llego a ver bien desde acá, lo que obtuvo es el número con el que había empezado. En mi caso, se obtiene en cada división sucesiva:

345.345 / 7 = 49.335

Luego,

49.335 / 11 = 4.485

Y al final:

4.485 / 13 = 345

Ahora, la pregunta que uno se hace (o que *debería* hacerse) es la siguiente: ¿por qué pasó esto? ¿Siempre pasa? Más aún: ¿no le llamó la atención que cada división que hizo fuera *exacta*? Es decir, es interesante que en cada paso, al dividir, siempre se tiene un número entero. ¿Por qué pasará además esto?

Acá es donde conviene que yo haga una pausa para que usted pueda tomarse su tiempo y pensar.

(Solución: 225)

La belleza (... de la matemática)[50]

Tratar de definir la *belleza* debe ser casi como querer definir el amor. Resulta obvio: lo que es bello para mí puede significar algo muy distinto para todo el resto. Y supongo que no estoy solo en esta frase. ¿Se anima a explicarle a alguien qué es *lo bello* sin tener que recurrir a un ejemplo?

Con todo, las sociedades eligen (elegimos) ciertos prototipos o estereotipos y convenimos en que lo aceptado por las grandes mayorías, lo que le gusta a *mucha gente*, parecería que es lo bello.

Pero uno no puede ignorar las cuestiones culturales, sociales, de contexto ni la "propaganda" que bombardea con lo que "debiera" ser lindo, o nos debería gustar, e incluirlos como factores fuertemente distorsionadores. Ni qué hablar de lo que no podemos decidir si es lindo o bello, porque ni siquiera lo vemos (o lo conocemos).

Sin embargo, hay algunos hilos conductores gracias a los cuales pareciera que "todos" (y corro el riesgo de escribir la palabra "todos" aunque mis dedos se resisten)..., decía, "todos" nos pondríamos de acuerdo en decir qué bello es:

- Un amanecer en la playa.
- Una puesta de sol, en "otra" playa.
- La quinta sinfonía de Beethoven.

50 Algunas de las igualdades que figuran en esta sección me fueron enviadas por Cristian Czubara, en el afán que ponen todos por compartir lo que saben y les gusta.

- El color de una orquídea.
- La Gioconda.
- Las Cataratas del Iguazú.
- Un cuadro de Escher o de Picasso.
- El gol de Maradona a los ingleses.
- Un niño y una niña jugando en una plaza con sonrisas de felicidad.

y siguen las firmas…

La naturaleza y el arte. La belleza que lo envuelve todo… y al final, todo tan subjetivo, tan personal. ¿Adónde voy? La matemática también tiene un lugar allí y, ciertamente, muy privilegiado. Pero, ¿qué querrá decir *belleza* en el caso de la matemática? ¿Quién impone los criterios? ¿Qué quiere decir que "algo" *es* lindo?

Al mirar un cuadro de Escher, uno no necesariamente lo detecta pero está mirando algo bello de la matemática: simetría, patrones, objetos con *doble* sentido. Pero uno *no necesita saber* matemática para disfrutarlo. *Es. Está ahí.* Impacta.

Lo que sigue es sólo una muestra de algo que también seduce, que también asombra. Son algunas curiosidades que ofrecen los números. No sé si sirven para algo, salvo para alimentar el espíritu, pero nadie le cuestiona la utilidad a Michelangelo por haber pintado la Capilla Sixtina, ni a Tchaicovsky por haber compuesto su concierto número 1. ¿Por qué pedirle *eso* a la matemática?

Aquí van, entonces, algunas igualdades sorprendentes, deliciosas, puras e incomprensibles. Pero bellas. Disfrútelas.

$$1 \cdot 8 + 1 = 9$$
$$12 \cdot 8 + 2 = 98$$
$$123 \cdot 8 + 3 = 987$$
$$1234 \cdot 8 + 4 = 9876$$
$$12345 \cdot 8 + 5 = 98765$$
$$123456 \cdot 8 + 6 = 987654$$
$$1234567 \cdot 8 + 7 = 9876543$$
$$12345678 \cdot 8 + 8 = 98765432$$
$$123456789 \cdot 8 + 9 = 987654321$$

$$1 \cdot 9 + 2 = 11$$
$$12 \cdot 9 + 3 = 111$$
$$123 \cdot 9 + 4 = 1111$$
$$1234 \cdot 9 + 5 = 11111$$
$$12345 \cdot 9 + 6 = 111111$$
$$123456 \cdot 9 + 7 = 1111111$$
$$1234567 \cdot 9 + 8 = 11111111$$
$$12345678 \cdot 9 + 9 = 111111111$$
$$123456789 \cdot 9 + 10 = 1111111111$$

$$9 \cdot 9 + 7 = 88$$
$$98 \cdot 9 + 6 = 888$$
$$987 \cdot 9 + 5 = 8888$$
$$9876 \cdot 9 + 4 = 88888$$
$$98765 \cdot 9 + 3 = 888888$$
$$987654 \cdot 9 + 2 = 8888888$$
$$9876543 \cdot 9 + 1 = 88888888$$
$$98765432 \cdot 9 + 0 = 888888888$$

$$1 \cdot 1 = 1$$
$$11 \cdot 11 = 121$$
$$111 \cdot 111 = 12321$$
$$1111 \cdot 1111 = 1234321$$
$$11111 \cdot 11111 = 123454321$$
$$111111 \cdot 111111 = 12345654321$$
$$1111111 \cdot 1111111 = 1234567654321$$
$$11111111 \cdot 11111111 = 123456787654321$$
$$111111111 \cdot 111111111 = 12345678987654321$$

Y, también, algunas curiosidades del número 666. Para distintas culturas, el número 666 es el símbolo del infierno o del diablo. Por otro lado, es la suma de *todos* los números que hay en una ruleta (del 0 al 36). 666 es, además, la suma de los cuadrados de los primeros *siete números primos*. Es decir:

$$666 = 2^2 + 3^2 + 5^2 + 7^2 + 11^2 + 13^2 + 17^2$$

Y 666, escrito en números romanos, es: DCLXVI. Por lo tanto, *usa* todos los símbolos menores que mil *una sola vez*. (¿Se anima a encontrar qué otros números hay como éste?)

Ahora, para el final, los invito a "descubrir" los patrones en los ejemplos que siguen:

142857 · 2 = 285714	**142857 · 2 = 285714**
142857 · 3 = 428571	**142857 · 6 = 857142**
142857 · 4 = 571428	**142857 · 4 = 571428**
142857 · 5 = 714285	**142857 · 5 = 714285**
142857 · 6 = 857142	**142857 · 1 = 142857**
142857 · 7 = 999999	**142857 · 3 = 428571**
142857 · 8 = 1142856	**142857 · 7 = 999999**
142856 · 9 = 1285713	**142857 · 9 = 1285713**

76923 · 2 = 153846	**76923 · 1 = 76923**
76923 · 7 = 538461	**76923 · 10 = 769230**
76923 · 5 = 384615	**76923 · 9 = 692307**
76923 · 11 = 846153	**76923 · 12 = 923076**
76923 · 6 = 461538	**76923 · 3 = 230769**
76923 · 8 = 615384	**76923 · 4 = 307692**

¿No les resulta sorprendente? ¿Extraordinario? Claro, no es ni la Gioconda ni el Guernica de Picasso, pero... ¿cuántas cosas en la vida hay como ellos? Mientras tanto, permítase disfrutar también, al menos un poquito, de... *la belleza de la matemática.*

Más sobre la belleza de la matemática

La matemática presenta siempre "patrones de belleza". Es muy difícil decir qué es bello en términos absolutos pero, en cualquier caso, si no está de acuerdo con el adjetivo, cámbielo por "notable" o "curioso" (según el caso).

Acá van algunos ejemplos. (La calificación se la dejo a usted.)

1) Considere estos dos números: 8.712 y 9.801.
A simple vista, no presentan ningún "borde" que los haga atractivos. Sin embargo, son los dos *únicos* números de 4 dígitos *múltiplos exactos* de sus *reversos*, que son 2.178 y 1.089. Es decir,

8.712 = 4 · 2.178

y por otro lado: **9.801 = 9 · 1.089**

En todo caso, si este tipo de situaciones lo atrapan, lo interesante es que trate de demostrar que este hecho *sólo* se da con esos dos números de 4 dígitos y en ningún otro caso.

2) Los que siguen son los *únicos* 4 números mayores que 1 que son iguales a la suma de los cubos de sus dígitos.

a) $153 = 1^3 + 5^3 + 3^3$
b) $371 = 3^3 + 7^3 + 1^3$
c) $370 = 3^3 + 7^3 + 0^3$
d) $407 = 4^3 + 0^3 + 7^3$

3) El crédito para las siguientes series de igualdades curiosas hay que dárselo a Theonni Pappas, una excelente divulgadora de matemática que ha escrito muchísimos libros de la especialidad. Acá van.

$1 + 2 + 1 = 2^2$
$1 + 2 + 3 + 2 + 1 = 3^2$
$1 + 2 + 3 + 4 + 3 + 2 + 1 = 4^2$
$1 + 2 + 3 + 4 + 5 + 4 + 3 + 2 + 1 = 5^2$
$1 + 2 + 3 + 4 + 5 + 6 + 5 + 4 + 3 + 2 + 1 = 6^2$
....

$1^2 = 1$

$11^2 = 121$

$111^2 = 12321$

$1111^2 = 1234321$

$11111^2 = 123454321$

………

4) Cuadrados perfectos. Para ponernos de acuerdo con los nombres, se llama *cuadrado perfecto* a los números que son el resultado de elevar otros al cuadrado. Por ejemplo, 4 es un cuadrado perfecto, porque es 2^2. De la misma forma, 9 es un cuadrado perfecto (ya que es el cuadrado de 3). También 16, 25, 36 o 49 son cuadrados perfectos. Una vez dicho esto, recorramos este camino de curiosidades:

a) La suma de los primeros n números impares es *siempre* un cuadrado perfecto. Esto se puede demostrar recordando esta igualdad:

$$1 + 3 + 5 + 7 + 9 + 11 + \ldots + (2n - 1) = n^2$$

b) Todo *cuadrado perfecto* termina en 0, 1, 4, 5, 6 o 9 (haga la cuenta para convencerse).

c) Todo *cuadrado perfecto* es divisible por 3 (o lo es cuando se le resta 1).

d) Todo *cuadrado perfecto* es divisible por 4 (o lo es cuando se le resta 1).

e) Todo *cuadrado perfecto* es divisible por 5 (o lo es cuando se le suma o se le resta 1).

5) Lo que sigue es una verdadera "joyita" de la aritmética. Algo muy sencillo pero muy atractivo. Tiene dos partes para investigar:

a) Elija un número (entero) cualquiera entre 1 y 9. Multiplíquelo por el número 12.345.679 (observe que *falta* el 8). Al resultado, multiplíquelo por 9. ¿Qué obtuvo? Lo que resulta

es el número que usted había elegido ¡nueve veces!
Por ejemplo, si había elegido el número 7, al multiplicarlo por 12.345.679, se obtiene:

86.419.753

Y luego, al multiplicarlo por 9, se tiene: **777.777.777**

¿Por qué pasa esto? En realidad, lo que sucede es que, si uno hiciera *al revés* y multiplicara primero el número 12.345.679 por 9, se tiene: **111.111.111**

En consecuencia, si ahora multiplica el número que eligió por 111.111.111, va a obtenerlo repetido nueve veces.

b) Lo mismo se puede hacer con números de dos dígitos. Es decir: elija un número de *dos* dígitos distintos cualesquiera. Digamos *ab*. Multiplique ahora este número (*ab*) por

1.122.334.455.667.789

y al resultado, multiplíquelo por 9. ¿Qué obtuvo? Haga la cuenta y luego pregúntese: ¿por qué sucederá esto?

En realidad, lo que sucede (igual que en (a)) es que cuando uno multiplica *primero* el número 1.122.334.455.667.789 por 9, se obtiene:

101.010.101.010.101.010

Y como se ve, al multiplicarlo por el número *ab* que usted eligió, aparece repetido así:

aba.bab.aba.bab.aba.bab

Seis grados de separación

Seguro que alguna vez, de una u otra forma, escuchó hablar de los "seis grados de separación". Seguro que también se habrá preguntado: ¿seis "grados"? ¿Grados de qué? ¿De separación de qué?, o ¿de quién? Téngame un par de párrafos de paciencia y busquemos juntos algunas respuestas. Sígame por acá.

¿Cuántas personas conoce? Ya sé, muchísimas. A casi todos nos pasa lo mismo. Sin embargo, quiero ser un poco más cuidadoso con lo que entiendo por "conocer". Por ejemplo, usted seguro que escuchó hablar de Maradona, y por lo tanto, podría decir que lo conoce. Pero yo no me refiero a *esa forma* de conocer a alguien. No. Digamos que para decir que uno *conoce* a alguien tiene que haberle dado la mano alguna vez. Aunque haya sido en una sola oportunidad.

Sigo. Voy a decir, entonces, que todas las personas que *conoce* están a *un* grado de distancia de usted. Es sólo una forma de medir esa distancia. Cada persona que usted conoce tiene, a su vez, un grupo de *conocidos*. Seguramente, hay muchos que son también *conocidos* suyos, pero casi seguro que hay *otros* que no tienen ni tuvieron ningún contacto con usted. Bien. Justamente *ésos* están a *dos grados* de separación de usted.

Por ejemplo: como yo alguna vez le di la mano a Maradona y a Michael Jordan, toda persona que me conoce a mí está a distancia *dos* de ellos (salvo que los conozcan por las suyas). Y viceversa.

Más aún: como Maradona le dio la mano a Fidel Castro y a Hugo Chávez, eso significa que yo estoy a distancia *dos* de ellos, pero mi hermana Laura, que no conoce a Diego, está a distancia *tres* de los presidentes... Pregunta: los hijos de mi hermana (mis sobrinos), ¿a qué distancia están de Fidel y de Chávez? (Piense la respuesta antes de seguir.)

Si pensó que estaban a *cuatro,* le propongo que lo intente una vez más (pero hágalo antes de seguir leyendo).

Es que, como yo –obviamente– conozco a mis sobrinos, ellos *también* están a distancia *tres* de los presidentes de Cuba y Venezuela, sin necesidad de usar a mi hermana como intermediaria.

Ahora vuelvo al problema original de los "seis grados de separación". Hay una teoría que está dando vueltas desde principios del siglo XX, más precisamente desde 1929, cuando el escritor húngaro Frigyes Karinthy escribió en una historia llamada "Cadenas" que:

> Dadas dos personas cualesquiera *en el mundo,*[51] *en promedio*, están a seis grados de separación.

Hasta allí, pocos prestaron atención a este resultado que parecía más de ficción que de posible realidad. En 1950, Ithiel de Sola Pool, desde el MIT (Massachusetts Institute of Technology), y Manfred Kochen (de IBM) quisieron probar la teoría usando recursos matemáticos, pero no pudieron.

Diecisiete años más tarde, en 1967, el sociólogo Stanley Milgram condujo un experimento desde Harvard y concluyó que la teoría... *¡era cierta!* De todas formas, si bien este resultado causó en principio *asombro* y, por supuesto, incredulidad, parecía un tema *menor* y sólo reducido al ámbito de una observación dentro de las ciencias sociales. En todo caso, no parecía tener ninguna consecuencia seria.

Sin embargo, el tema fue reflotado treinta años después por dos *matemáticos* norteamericanos, Duncan Watts y Steven Strogatz, profesores en la Universidad de Columbia y Cornell. Los dos pretendieron "recrear" las condiciones de Milgram, pero aprovechando ahora las técnicas más modernas que ofrecía el siglo XXI. Por ejemplo, Internet. Watts, que estaba haciendo su tesis doctoral, de-

51 Por supuesto, hay que excluir del experimento a *tribus o colonias cerradas,* que nunca hayan tenido comunicación con la "civilización". De hecho, ese núcleo de personas estaría a distancia *infinita* de cualquiera de nosotros. Por eso, para ser más precisos, habría que escribir "dadas dos personas cualesquiera del *mundo conectado o civilizado...*", o como usted prefiera decirlo.

cidió utilizar los *correos electrónicos* en lugar de las *encomiendas o cartas* del experimento de Milgram. Y también se sorprendió. Los remitentes elegidos fueron casi 50.000, y se seleccionaron como destinatarios finales a 19 personas en 157 países.

Después de ordenar los resultados, Watts y Strogatz descubrieron que el promedio de intermediarios había sido de... ¡seis personas!

Si se está preguntando para qué sirve esta teoría, permítame ayudarle: se usa para estudiar la transmisión de enfermedades contagiosas (por ejemplo, el sida), para la teoría de redes, para saber cómo se esparcen los rumores (hasta el famoso "de boca en boca"), para los circuitos en las computadoras, para saber cómo la gente busca (y encuentra) trabajo, en la teoría de grafos, para analizar cómo funcionan los "buscadores" de Internet (como Google, Yahoo, Altavista), etcétera.

Con este tema, además, se han hecho una película y una obra de teatro: *Seis grados de separación*, de John Guare, y *Small World* (Mundo pequeño), una obra escrita por el novelista británico David Lodge. Además, hay comprobaciones en curso que tienen más que ver con otros aspectos de la vida real. Una involucra al famoso actor Kevin Bacon.

Watts y Strogatz tomaron una base de datos donde figuran todos los actores/actrices que hayan actuado alguna vez en alguna película ("incluidas películas mudas, o hechas en la India, o lo que sea", como dice Strogatz). Allí figuran más de 350.000 actores y, naturalmente, cada vez la cantidad es mayor. Los que participan usan esta base de datos para jugar al juego llamado "Seis grados de separación de Kevin Bacon", que permite calcular la distancia a la que está *todo posible actor* del propio Bacon. Aquellos que trabajaron con él en alguna película están a distancia *uno*. Los que no lo hicieron, pero trabajaron con alguno que sí trabajó con él, están a distancia *dos*. Y así siguiendo.[52]

52 Los datos pueden encontrarse en
http://www.cs.virginia.edu/~bct7m/bacon.html

Apéndice 1: El experimento de Stanley Milgram

Milgram testeó la teoría usando un método que llamó "el problema del Mundo pequeño". Eligió al azar gente en dos ciudades del medio oeste de Estados Unidos (Wichita y Omaha). Cada una de estas personas tenía que enviar un paquete a quien se le indicaba. Los destinatarios –en principio desconocidos para los remitentes– vivían todos en Massachusetts, en el área de Boston. Los remitentes sólo conocían el nombre del destinatario, la ocupación y el barrio.

Les explicaban también que, si *no conocían* a la persona a la que debían hacer el envío (que era lo más probable), entonces, debían elegir a alguna persona que ellos *sí conocieran* y que supusieran o pensaran que a ésta le sería más fácil acceder al destinatario del paquete. Esta nueva persona tenía que repetir el procedimiento, hasta que la encomienda –eventualmente– llegara al destinatario final. Y si en algún momento no sabían cómo avanzar, debían mandar una carta a Harvard (por las dudas, la estampilla estaba incluida) explicando el problema.

En definitiva, si el paquete llegaba a Boston, los científicos sabían exactamente por cuántas personas había pasado en el medio y, además, quiénes eran.

Por otro lado, para envíos que no llegaban a destino, las cartas que sí llegaban a Harvard identificaban el lugar donde se había estancado "para siempre" el proyecto, al menos en ese caso en particular.

Obviamente, la mayoría de los que participaron pensaron que la cadena incluiría a cientos de intermediarios. Sin embargo, para sorpresa de casi todos, no fue así. En realidad, *en promedio* la cadena tenía entre cinco y siete participantes.

Milgram, quien ya era un científico muy respetado en esa época, publicó su resultado en la revista *Psychology Today.*

Apéndice 2: El experimento de Strogatz y Watts[53]

¿Por qué es tan antiintuitivo? Strogatz se lo explicó así a Polly Shulman, en una nota espectacular sobre el tema publicada hace casi diez años en la revista *Discover*.

> Supongamos que yo tuviera 100 amigos, cada uno de los cuales tiene –a su vez– también 100 amigos. Si uno multiplica 100 veces 100 (los 100 amigos que tengo por los 100 amigos que cada uno de ellos tiene), alcanza a 10.000 personas. O sea, estoy a distancia 2 de 10.000 personas. Si a su vez cada una de esas 10.000 personas tiene también 100 amigos, ahora yo estaría a distancia 3 de 1.000.000 de personas. Así siguiendo, tengo a distancia 4 a 100.000.000 más, y por último, con la misma idea, tengo 10.000 millones de personas a distancia 5. Eso sería ya mucho más que suficiente, si uno tiene en cuenta que en el mundo hay menos de 6.500 millones de habitantes.

Sin embargo, *hay un grueso error* en el último cálculo. Se supone que cada una de las 100 personas conoce a 100 personas *que no se conocen entre sí*. Y ése es un obstáculo insalvable, que hace que la idea anterior sea *falsa*. Estaría bien si uno tuviera sus 100 amigos tomados al azar, y que a su vez estos 100 también tuvieran amigos al azar. Pero la vida no funciona de esa forma (lamentablemente, a los efectos de este ejemplo).

Polly Shulman reflexiona:

> Elegimos a nuestros conocidos de acuerdo con afinidades socioeconómicas, la geografía, nuestros antecedentes culturales, nuestra educación, nuestra profesión, áreas

53 Los datos que siguen están basados en artículos publicados por Polly Shulman en 1998 en la revista *Discover*, por Will Knight en 2003 en la revista *New Scientist*, y por Thomas Berman en 2006 de la cadena ABC.

> de interés y hasta los *hobbies.* Todo esto hace que nuestro círculo de amigos *no sea azaroso.*

Watts y Strogatz estudiaron diferentes *tipos de redes,* altamente estructuradas, en búsqueda de patrones. Lo lograron, y de ellas sacaron sus conclusiones. Watts decía:

> Piense en un montón de gente dispuesta en círculo, tomada de la mano. Digamos que son un millón de personas y que usted conoce a 100 de ellas. Supongamos que usted pone 50 de sus conocidos a su derecha y 50 a su izquierda. ¿Qué haría si quiere hacerle llegar un mensaje a la persona número 500.000? Usted le "gritaría" el mensaje a la persona número 50 a su izquierda (por poner un ejemplo) y le diría "que pase el mensaje". Si "todos los demás" tienen sus conocidos distribuidos de esa forma, entonces, el número 50 se lo gritará al que tiene 50 a la izquierda, y así sucesivamente. Es decir, uno tiene que llegar hasta 500.000 saltando de a 50, o sea, con pasos de longitud 50. Eso significa usar 10.000 pasos. Por lo tanto, la persona que está a mayor distancia de usted, o el grado de separación entre usted y él, es de 10.000. La distancia entre usted y el que está en el lugar 250.000 es la mitad, o sea 5.000. Entre usted y el número 125.000 (un octavo de la vuelta), hay 2.500. Así siguiendo. Lo notable es que estar a 5.000 grados de separación es un "número enorme".

Ahora, una modificación (que es *clave* en este ejemplo): supongamos que está el mismo millón de personas tomadas de la mano en el círculo que se menciona en la cita. Cada uno tiene 100 amigos, pero en lugar de distribuir 50 a la derecha y 50 a la izquierda, todo el mundo en el círculo elige sus 100 amigos *al azar* entre el milllón de personas disponibles. Lo más probable, entonces, es que cada persona elija a alguno de sus amigos que esté bien distante de él geográficamente. En este caso, cuando Watts y Strogatz calculan los grados de separación *promedio* entre dos personas, el resultado da *cuatro*, que es mucho más creíble (Watts sostiene que no es tres sino cuatro porque de esa forma se elimina la probabilidad de caer en amigos que ya fueron elegidos por otros, de manera tal que algunos fueron elegidos dos veces y otros, ninguna. Si uno avanza hasta cuatro grados de separación, lo más probable es que los haya cubierto a todos). Otra consecuencia de esta distribución es que lo más probable es que ninguno de sus amigos se conozcan entre sí, justamente lo contrario de lo que sucedía al principio, en el otro círculo.

Pero, ¿qué se podría decir de un círculo que no es ni como el primero (de todos sus amigos *pegoteados* –como en la vida real–), ni como el segundo (todo al azar)? Watts y Strogatz hicieron lo siguiente. Empezaron con el original y sacaron una persona de las 50 y la ubicaron en otro lugar cualquiera. Al hacer esto, usted sigue teniendo 50 amigos a su derecha pero tiene *sólo* 49 a la izquierda. Por ejemplo, podría resultar que el número 17 a su izquierda sea ahora un desconocido para usted. Sin embargo, usted conoce al número 307.411 (el ejemplo que eligió Polly Shulman en su artículo).

Antes de haber hecho esta modificación, usted estaba a unos mil grados de separación de esa persona. Ahora, usted está a *un solo grado de separación*. Pero lo más notable no es sólo eso, sino que *todos sus amigos* ahora están a *dos* grados de separación de esa nueva persona y, por lo tanto, están a *tres* grados de separación de todos los amigos de esa nueva persona. Entonces, súbitamente, donde en principio había mil grados de separación, ahora hay sólo *tres*. Y todo se ha hecho mucho más cercano. Watts y Strogatz modificaron *apenas el 1% del total* para bajar de cinco mil grados de separación a sólo cuatro, bastante cercano a lo que se propone en el caso de la humanidad toda.

Lo notable es que esas ligeras modificaciones no produjeron un cambio sustancial en sus amigos: ellos siguen estando todos juntos, como es de esperar en la vida real.

Sombreros, abuelos y monos

Esta historia apareció en la revista *Scientific American*, en junio de 2007. Me encantó. No pude encontrar el nombre del autor en la publicación por lo que –quizá por mi impericia– no le puedo dar el crédito que le corresponde. Pido disculpas...

Cuenta este artículo que un señor que se dedicaba a vender sombreros hizo un alto en su caminata vencido por el cansancio y el sol. Se sentó junto al tronco de un árbol y se quedó dormido. Cuando se despertó, advirtió que en una de las ramas del árbol había un grupo de monos que se habían apoderado de sus sombreros, y que sólo le quedaba el que estaba usando él.

Empezó a hacerles señas a los monos para que se los devolvieran, pero por más esfuerzos que hacía, los monos permanecían impertérritos. En un momento determinado, ya muy frustrado, se sacó el sombrero y lo tiró al piso con fastidio. Increíblemente, los monos le copiaron el gesto, y arrojaron ellos también los sombreros que tenían. El hombre no podía salir de su asombro. Había conseguido recuperar, en forma inesperada, toda su mercadería. Los recogió y partió apresuradamente.

Pasaron más de cincuenta años y, una vez más, otro hombre que también vendía sombreros atravesó una situación parecida. Curiosamente, se trataba del nieto del señor que había vivido la experiencia que describí más arriba. También él se quedó dormido y volvió a suceder lo mismo. Cuando se despertó, vio que un grupo de monos se había apoderado de todos los sombreros (salvo el que usaba él).

En ese momento, recordó lo que le había dicho su abuelo y, sin dudar, arrojó su sombrero al piso con gesto de fastidio. De inmediato, uno de los monos que estaba en la rama bajó apurado, tomó el sombrero que estaba en el piso y, corriendo, se trepó nuevamente al árbol.

El joven miraba hacia arriba azorado, cuando el mono le gritó: "¿Vos te creías que eras el único que tenía abuelo?".

Esta historia, pese a que en principio parece no tener nada que ver con la matemática, refleja lo que uno hace muchas veces dentro de esta ciencia: busca patrones, busca ideas que se repitan. Un médico busca "patrones" o "síntomas" o "signos" que le indiquen qué puede tener un paciente.

Algo más pedestre: una persona que escucha un ruido dentro de la casa *sabe* si preocuparse o no, teniendo en cuenta si es algo que ya escuchó antes o si *se trata* de un ruido distinto. Compara, entonces, el ruido que escuchó con los patrones que tiene internalizados.

Cuando uno huele algo o saborea algo, sabe si le gusta o no, o si le va a gustar o no, teniendo en cuenta, también, los patrones que haya registrado hasta ese momento.

Aunque no lo parezca, la matemática es –en esencia– una ciencia que busca patrones todo el tiempo. Uno busca patrones de longitud, de superficie, de volumen (por poner algunos ejemplos), así como podría buscar patrones de conducta, de velocidad, de simetría, numéricos, de forma, de movimiento, estáticos, dinámicos, cualitativos, cuantitativos... Todos son patrones.

Frente a eso, los monos, que habían aprendido la lección, comprendieron "dónde buscar el patrón"... y en este caso, ¡decidieron no repetirlo!

Cómo embarcar (un modelo de la matemática)

Uno llega a un aeropuerto. Se dispone a iniciar un vuelo y ya sabe lo que le espera: largas colas (siempre "hacer cola" es una falta de respeto... *siempre*, no importa la circunstancia ni la ocasión)... largas colas para resolver problemas burocráticos:

- "Llegar" hasta el mostrador.
- Presentar el pasaje (aunque sea electrónico).
- Exhibir los documentos.
- Despachar el equipaje.

- "Pelear" por un asiento ("en la fila de emergencia", si fuera posible)
- Obtener la tarjeta de embarque.
- Pasar por el escrutinio de los rayos X (y sortear los sistemas de seguridad).
- Pasar por Inmigración.
- Declarar algún objeto electrónico a la ida para poder pasar con él por la aduana a la vuelta.

Una vez que uno superó todos estos escollos, todavía falta uno no menor: *embarcar.* En esos casos, uno cree que lleva el equipaje de mano adecuado. Es decir, que va a caber en el compartimiento superior del asiento o debajo de él. Pero, claro, hay otros pasajeros que tienen la misma idea y, peor aún, llevan un colchón de dos plazas envuelto en papel madera (es sólo un chiste, aunque a veces se acerca a la realidad...). Hay que embarcar cuanto antes, entonces, para aprovechar el espacio disponible.

Desde ya, los pasajeros que compraron boletos de primera clase (o ejecutiva) entran primero. Pagaron más y eso los califica (en esta sociedad, el que paga más entra más rápido, no hace cola, tiene privilegios... tiene *poder*).

Y aquí es donde surge el problema. ¿Qué hacer? ¿Qué pueden hacer las aerolíneas para minimizar el tiempo de embarque? Hasta acá, cada compañía utiliza el sistema que entiende más conveniente, dependiendo del tamaño del avión, del número de divisiones internas que tenga (primera, ejecutiva, económica), número de pasillos (uno o dos), etcétera.

Algunas prefieren hacer ingresar a los pasajeros de adelante hacia atrás (la peor de las opciones, pero la más utilizada). Otras prefieren al revés: de atrás para adelante (sólo un poquito mejor). Otras dividen en secciones de acuerdo con el dinero que costó el pasaje (aun en la económica). De todas maneras, los métodos usados hasta acá son pobres en cuanto a eficiencia y resultados.

Una vez más, ¿qué hacer? A las compañías aéreas les interesaría *optimizar* ese tiempo, no tanto porque estén preocupadas por nuestro bienestar sino porque cuanto más tiempo un avión esté en el aire, más rédito obtienen ellas.

Como muchas otras veces, conviene apelar a la matemática. Claramente, uno *no puede* probar con el *embarque* de todas las formas posibles. De hecho, cualquier método que se elija tendrá siempre los inconvenientes que planteamos los humanos: viajar con chicos, o con mucho equipaje de mano, o tener asientos en diferentes filas y pretender embarcar todos juntos (algo lógico), o simplemente no respetar ningún orden. Todo esto debe ser contemplado. Sí, pero ¿cómo?

Mejor aún, ¿qué haría usted? Es decir, si usted tuviera que delinear una estrategia para embarcar pasajeros, ¿cuál sería? No hace falta que le dedique mucho tiempo, pero sí que se detenga un rato a pensar. Porque, aunque usted *crea* que encontró la solución, no tendría manera de comprobarla... ¿O sí?

Curiosamente, ése es *otro* problema. Suponiendo que cualquier persona diseña una estrategia que considera óptima... ¿cómo lo demostraría?

Es obvio que no podrá probar con pasajeros y aviones *de verdad* porque ¿quién se los prestaría? Y por otro lado, ¿cuántas pruebas tendría que hacer?

Para resolver esas situaciones –entre otras cosas– sirve hacer un *modelo*. Un modelo (que provee la matemática) permite *practicar* y *probar*. Eso lo hace una computadora. Usted planifica algo (que simula la situación real), lo traduce al lenguaje que una computadora puede entender (con un programador) y luego pone a prueba lo que pensó.

Lo bueno de usar un modelo es que, *si funciona*, si en verdad se *ajusta a la realidad*, uno puede probar muchísimas veces *virtualmente* su eficacia sin costo alguno o con un costo muy bajo, de modo de comprobar si la conjetura que elaboró es acertada.

Si el modelo *no funciona*, uno puede hacer los ajustes en forma teórica, y probar nuevamente. En este caso, si quisiera comparar cuál método funciona mejor (el que a usted se le ocurra: embarcar de adelante hacia atrás o viceversa, sentar primero a los pasajeros que ocupan las ventanillas, luego a los del medio y finalmente a los de los pasillos), lo programa y prueba. Agrega factores correctores distintos: demoras por niños, personas mayores, paquetes muy grandes que no entran fácilmente en el compartimiento superior, personas que conversan entre sí obstruyendo el paso en los pasillos, etcétera. Puede contemplar todas las variables que quiera. Y luego *hace "correr" el programa.* O sea, hace que *el programa simule la realidad, como si tuviera pasajeros y aviones de verdad.* Hace las modificaciones que quiera. Anota... y, después, compara.

Un físico norteamericano, Jason H. Steffen,[54] harto de padecer estos contratiempos, decidió utilizar un método matemático para *probar* las distintas variantes y ver si podía dar una solución *científica* al problema. Para encontrar la solución óptima, usó un algoritmo basado en una cadena de Markov que lleva el nombre de Montecarlo (que se usa también –entre otras aplicaciones– para investigar cómo se distribuyen átomos y moléculas). Y lo usó para simular los pasajeros dentro de un avión.[55]

Steffen –para empezar– empleó diferentes ideas. Simuló un avión con 120 pasajeros, con 6 asientos por fila y 20 filas. Agregó una hipótesis extra: no había primera clase ni clase ejecutiva. Todos iguales. Y supuso que el avión estaba completo. Por supuesto, estas condiciones están lejos de ser las que aparecen todos los días, pero *tenía que empezar de alguna manera.*

54 Jason H. Steffen trabaja en Fermilab, donde funciona el acelerador de partículas más rápido del mundo (hasta hoy, porque está a punto de perder ese privilegio cuando entre en funcionamiento el CERN en la frontera franco-suiza, algo que ya habrá ocurrido cuando este libro llegue a sus manos). Los resultados fueron publicados en http://arxiv.org/pdf/0802.0733v1 y en un artículo que escribió Philip Ball en la revista *Nature*, en febrero de 2008.

55 Steffen usó una técnica basada en un algoritmo de optimización conocido con el nombre de Cadena de Markov Montecarlo (MCMC), similar al algoritmo Metropolis (Metropolis *et al.*, 1953).

> Empezando con el orden inicial –escribió Steffen–, tomé el tiempo que tardaban en embarcar y lo anoté. Después, tomé dos pasajeros al azar, cualesquiera, y les cambié el orden en que entraban en el avión. Si lograba que de esa forma entraran igual o más rápido, aceptaba ese nuevo orden y cambiaba otros dos. En cambio, si una configuración aumentaba el tiempo, la rechazaba, volvía al paso anterior y modificaba *otros* dos pasajeros. Paré luego de ¡10.000! diez mil intentos, ya que cualquier otra modificación no alteraba los resultados.

El modelo le asignaba a cada persona (además del asiento) un número al azar –entre 0 y 100– que indicaba el tiempo que tardaría en ubicar su equipaje de mano. (Escapa al objetivo de este artículo contar todos los detalles, pero me interesa mostrar cuáles fueron sus conclusiones.)

En principio, los mejores resultados se obtienen cuando la distancia que hay entre los pasajeros permite que varios *carguen su equipaje* en forma simultánea. Y eso se obtiene si esa distancia es de 12 filas. El tiempo de embarque aumenta considerablemente si los pasajeros que ingresan en el avión van a sentarse en la misma fila o en filas adyacentes. Con el modelo que usó Steffen podía haber un máximo de diez pasajeros acomodando su equipaje al mismo tiempo. Por supuesto, para implementar cualquier método, los pasajeros de todos los aviones tendrían que aceptar (nosotros... digo, los pasajeros) un orden de entrada. Como escribió Steffen, siempre habrá una fracción de los pasajeros que entrarán sin cumplir con esto, porque son familiares, porque llevan chicos, o porque forman parte de otros grupos.

Pero lo ideal no es necesariamente posible. El autor propone, entonces, que haya *al menos* una fila libre, o bien adelante o bien atrás, en el momento de acomodar los equipajes. Y como consecuencia, la mejor distribución aparece cuando la mayor parte de los pasajeros tienen una fila vacía que los separa de los que ya entraron o de los que entrarán después. Es decir, lo que importa no es tanto *el lugar donde se van a sentar,* sino la posición *relativa* (los que ya están sentados y ubicados, o los que vendrán después).

Una vez más, la matemática aparece como la forma más eficiente para resolver un problema de la vida cotidiana, si es que, en definitiva, ubicar pasajeros en un avión en forma eficiente se puede considerar como tal.

Algunas notas sobre el modelo de Steffen

1) El modelo que usó Steffen supone que el tiempo que se demora el embarque se debe al tiempo que ocupan los pasajeros en ubicar su equipaje de mano, sea en el compartimiento superior o debajo del asiento que tienen adelante. De hecho, el autor dice que si la gente no pudiera llevar equipaje de mano el artículo que escribió no existiría porque no habría nada que analizar.
2) Ubicar a los pasajeros dentro del avión ocupa más tiempo que la recarga de combustible y reaprovisionarlo de comida y bebida.
3) La intuición indica que la *peor* manera de abordar es de adelante hacia atrás (y el método usado por Steffen lo confirma, obviamente). Pero embarcar de atrás hacia adelante en bloques sólo divide el tiempo a la mitad. Igualmente, el análisis demuestra que es la *segunda peor* de todas las opciones. En todo caso, mueve la fila de pasajeros que se amontonan hacia la parte trasera del avión, pero no mejora significativamente el proceso. Más aún: si bien hay muchos pasajeros *dentro del avión,* muy pocos ubican sus equipajes simultáneamente. Es más la gente que *espera* que los otros se ubiquen que la gente que está efectivamente acomodando el equipaje.
4) Hacer sentar primero a todos los que ocupan las ventanillas, luego los asientos del medio y luego los pasillos mejora las opciones anteriores, pero por muy poco, también.

5) Si uno dejara entrar los pasajeros al azar, el tiempo que utilizarían se reduciría a la mitad de lo que es convencional hoy. Esto demuestra que subir al azar no es catastrófico, como podría suponerse.
6) Steffen plantea dos opciones: una ideal y la *mejor opción* entre las posibles. Digo así porque la *óptima* requeriría de una disciplina *inalcanzable (e inesperable)* tanto por parte de los pasajeros como de las compañías aéreas. Pero la *mejor* entre las posibles significaría disminuir el tiempo *por lo menos* a la cuarta parte... con posibilidades, en algunos casos extremos, de llevarlo a la ¡décima parte!
7) La situación ideal se alcanza cuando pasajeros adyacentes (o sea, que entran juntos al avión) tienen asignados asientos con 12 filas de separación. Esta configuración permite tener el *máximo número de pasajeros acomodando su equipaje en forma simultánea.* Además, permite que entren 10 pasajeros al mismo tiempo. "Entran 10. Se espera que terminen. Entran otros 10. Y así siguiendo hasta que entran todos". Este esquema permite embarcar los pasajeros ocupando sólo un 20% del tiempo que se utiliza hoy (en promedio).
8) Sin embargo, la *mejor de todas las posibles variantes* (y que no involucre que los pasajeros tengan que hacer un curso para entrar a un avión) es formar *bloques de personas que tengan asientos designados "cada cinco filas" y hacerlos entrar en esos bloques.* Esto se obtiene (en el caso del avión de 120 lugares) con cinco bloques de 24 pasajeros cada uno.

Final: ¿para qué estudiar matemática?

Usted, ¿sabe manejar? Si sabe, en algún momento tuvo que pasar la *tortura* del aprendizaje. Si no sabe, igual va a entender el ejemplo que sigue, porque lo va a relacionar con alguna otra cosa. Sígame por acá.

Cuando alguien nos enseña a manejar, uno parece descoordinado, con problemas motrices, con dificultades para retener lo que se nos dice: mirar para atrás, poner primera, mirar para los dos costados, ir acelerando con el embrague apretado, ir soltando el embrague, coordinar ambos movimientos de modo tal que el auto no corcovee ni se plante, no soltar las manos del volante, mirar para adelante ahora, y encima, cuando *ya* parece que *todo* funciona... ¡hay que poner segunda!

¿Cómo *segunda*? Y todo lo del principio que tanto me costó... ¿ya no sirve más? Eso sin contar los escandalosos gritos de quien está al lado en el *supuesto* papel de copiloto/entrenador.

Sin embargo, por más que haya dificultades, por más trabas que aparezcan en el camino, el premio lo vale. Es decir, uno quiere aprender a manejar porque vale la pena. Es mejor saber manejar que no saber hacerlo.

De la misma forma, uno quiere aprender a usar una computadora, a navegar en Internet, a bajar música para un iPod, a manejar un reproductor de DVD, o utilizar con destreza un videojuego o una filmadora... O cualquier aparato o artefacto electrónico que requiera cierta destreza o habilidad (usted agregue cualquiera de los ejemplos que me faltan a mí).

En cada uno de esos casos *hay un objetivo* que uno quiere cumplir. Uno sufre el proceso de aprendizaje, se frustra un poco (o mucho), pero *uno quiere.* Y punto. El resto, poco importa.

¡Y ésta es la clave de lo que *pasa* con la matemática! Uno no quiere hacer el esfuerzo, o mejor dicho, no quiere hacer ningún esfuerzo, porque no entiende ni por qué ni para qué valdría la pena hacerlo. ¿Qué hay del otro lado del camino por lo que valdría la pena invertir tiempo, esfuerzo y malasangre? Y la respuesta es que, como uno *no ve* la potencial ganancia, no está dispuesto a hacer un esfuerzo, ni tolerar ninguna frustración.

La matemática, tal como se enseña, no seduce a nadie. Es como si nos obligaran a *querer lo que no queremos.* Y por eso la rebelión de los jóvenes, que se resisten y la rechazan. ¿Acaso no le pasó lo mismo a usted?

Nadie (en su sano juicio) quiere aprender nada si no entiende que al final del camino tendrá algo que lo mejore, lo capacite, le agregue alguna destreza que no tiene o bien *le permita disfrutar más de la vida.*

Cuando uno está en el proceso de aprendizaje de cualquier actividad, repite las reglas en forma automática, con miedo a equivocarse y respetando "lo que dice el manual", sin creatividad: uno es sólo un "repetidor". Con el tiempo, con la experiencia, con la práctica, se permite no mirar el teclado mientras escribe, ni prestar atención al embrague cuando maneja, ni a los escalones cuando sube o baja una escalera ni a mantener el equilibrio cuando maneja una bicicleta, etcétera.

Si bien no soy cirujano, intuyo que no es lo mismo operar el primer corazón o el primer cerebro que el número cien. No es lo mismo enfrentar una cámara con millones de espectadores la primera vez en un programa en vivo que hacerlo en la décima temporada ininterrumpida. Ni hacer aterrizar un Jumbo con 400 pasajeros después de una década de hacerlo sistemáticamente. La experiencia permite que uno pueda crear, hacer piruetas en el aire, porque la experiencia es la que provee la red que nos vuelve valientes.

Uno pone un gran esfuerzo para aprender a leer y a escribir, pero ese esfuerzo, a la larga, paga. Uno tiene más oportunidades en la vida si está alfabetizado que si no lo está. Y eso se entiende bien, y si uno no lo entiende, lo entienden los padres.

La matemática no cuenta con adeptos porque uno nunca logra atravesar la etapa de los palotes o de las letras, y nunca llega a los poemas, a las novelas, a las historias de princesas o a la ciencia ficción. En definitiva, uno nunca llega al punto de poder usar su creatividad. No parece haber nada por hacer, como si todo estuviera contestado, todo dicho... Y no sólo no es así, sino que todo lo que hay por descubrir o inventar es de un volumen increíble.

Miles de matemáticos en todo el mundo piensan problemas cuya solución se ignora, y no sólo hoy, porque hay preguntas que se plantearon hace cuatrocientos años y aún no se sabe qué decir al respecto.

Es hora, entonces, de buscar diferentes maneras de seducir y de mostrar que "el mundo del revés" que contiene princesas, panteras rosas y pájaros locos está de este lado también. Del de la matemática, digo.

Soluciones

El carcelero loco

Por supuesto, uno puede intentar encontrar la solución "a mano". Es decir, como en definitiva *no son tantas vueltas* (sólo 100), y en cada paso uno va salteando cada vez más celdas, las chances de éxito son muy amplias usando simplemente "la fuerza bruta". Con todo, quiero proponer otras ideas.

Voy a hacer una grilla con las primeras 25 celdas, y voy a poner lo que sucedería con cada una de ellas en las sucesivas "pasadas" del carcelero. Voy a poner una letra *A* para la celda que quede abierta y una letra *C* para la que quede cerrada, aunque sea temporalmente.

1	2	3	4	5	6	7	8	9	10	11	12	13	14	15	16	17	18	19	20	21	22	23	24	25
A	A	A	A	A	A	A	A	A	A	A	A	A	A	A	A	A	A	A	A	A	A	A	A	A
	C		C		C		C		C		C		C		C		C		C		C		C	
		C			A			C			A			C			A			C			A	
			A				A				C				A				A				C	
				C					A					A					C					C
					C						A						C						A	
						C							A							A				
							C								C								C	
								A									A							
									C										A					
										C											A			
											C												A	
												C												
													C											
														C										
															A									
																C								

Fíjese en la diagonal que empieza debajo del número 1. Recórrala. Tómese un tiempo. No siga leyendo hasta que haya descubierto un patrón.

En realidad, las únicas que –en la diagonal de la grilla– quedan con una A son las celdas con los números 1, 4, 9 y 16. ¿Le dice algo esto? Digo, estos números 1, 4, 9 y 16 ¿le sugieren algo?

Antes de que yo conteste la pregunta, fíjese que para que haya quedado una A en la columna de algún número (como en 1, 4, 9 y 16) el carcelero debió pasar por allí un número *impar* de veces.

¿Qué tiene que pasar para que eso suceda? El carcelero, salvo por la celda número 1, pasa por todo el resto *al menos dos veces*: en la vuelta inicial y al menos otra vez cuando le toca el número de esa celda. Pero cuando pasa por una celda, es porque el número de esa celda es *múltiplo* de algún número de una celda anterior... ¿Entonces?

Esto quiere decir que para poder descubrir por cuáles celdas el carcelero pasará un número impar de veces hay que ver qué números entre 1 y 100 tienen un número *impar* de divisores. Por ejemplo, si uno se fija en la grilla, por la celda número 12 el carcelero pasó *seis* veces. Esto sucede porque el número 12, es múltiplo de 1, de 2, de 3, de 4, de 6 y de 12. O sea, tiene *seis* divisores. Si uno mira en la celda número 17, el carcelero pasó por allí nada más que dos veces: en la primera vuelta y en la decimoséptima. Y esto quiere decir que el número 17 tiene sólo dos divisores. Y es lógico, porque el 17 es *un número primo*. Luego, los únicos dos números que lo dividen son el 1 y él mismo, el 17.

Compruebe, entonces, que las celdas que están identificadas con números *primos* son las únicas por las cuales el carcelero pasó EXACTAMENTE dos veces.

Último ejemplo, pero al revés. Sin mirar en la grilla, tomemos el número 14. Si uno quiere averiguar cuántas veces pasó el carcelero por allí, lo que tiene que hacer es *contar el número de divisores del 14*. Este número tiene como divisores a: 1, 2, 7 y 14. Es decir, tiene *cuatro* divisores. Por lo tanto, el carcelero tuvo que pasar por allí *sólo cuatro veces,* y por lo tanto, la celda número 14 tiene que estar cerrada al finalizar el proceso.

> **Resumen:** Para poder saber entonces cuáles serán las celdas que permanecerán abiertas, basta con contar qué números tienen un número impar de divisores.
> Los *únicos* números que tienen un número *impar* de divisores son los *cuadrados*. Es decir, los números que resultan de haber elevado al cuadrado algún otro número.

Por ejemplo, el número 1 es un cuadrado, ya que

$$\mathbf{1 = 1^2}$$

El número 4 es un cuadrado porque

$$\mathbf{4 = 2^2}$$

El número 9 es un cuadrado porque

$$\mathbf{9 = 3^2}$$

Y así siguiendo, los números que son cuadrados entre 1 y 100 son:

1, 4, 9, 16, 25, 36, 49, 64, 81 y 100

ya que son, respectivamente,

1^2, 2^2, 3^2, 4^2, 5^2, 6^2, 7^2, 8^2, 9^2 y 10^2

Esto demuestra que las celdas que están numeradas con cuadrados quedan todas abiertas cuando termina el proceso. Pero lo que faltaría ver es si *no hay alguna otra…*

Para comprobarlo, lo invito a que se convenza de que cualquier otro número (menor que 100) que no sea un cuadrado tiene un número *par* de divisores. Le ofrezco mi ayuda. Lo voy a hacer con un par de ejemplos y el caso general se lo dejo a usted.

Con todo, quiero escribir aquí un teorema muy importante (espere, no se vaya, porque es un teorema lindo, muy importante y muy fácil de entender). Se lo conoce con el nombre de "Teorema Fundamental de la Aritmética". Imagínese que si incluye la palabra *fundamental* en su nombre es porque tiene que ser muy profundo. Y lo es.

Tome un número entero cualquiera. Digamos el 12. Este número se escribe así (como producto de números primos):

$$12 = 2 \cdot 2 \cdot 3$$

El número 15 se escribe así:

$$15 = 3 \cdot 5$$

El número 100:

$$100 = 2 \cdot 2 \cdot 5 \cdot 5$$

Y así podría seguir. Elija usted sus propios ejemplos. Lo que verá es que cualquiera sea el número que elija, puede descomponerlo en un producto de números primos. Más aún: esa descomposición es *única*, en el sentido de que no hay otros números primos cuyo producto dé el número que usted eligió. Lo único que puede variar es el orden de los factores, pero no los números involucrados.

Por eso, el número 12 se escribe como $12 = 2 \times 2 \times 3$, y de ninguna otra forma como producto de números primos.

En algún sentido, los números primos funcionan como los *átomos* o los *genes*. En este caso, los números primos son los que *generan* todos los números enteros, que se obtienen multiplicando primos.

El Teorema Fundamental de la Aritmética (TFA) dice justamente eso: "Todo número entero (distinto de + 1 o –1) se escribe como producto de primos. Esta descomposición es única, salvo el orden".[56] La demostración de este teorema se puede encontrar en cualquier libro de álgebra. No la escribo acá porque excede la propuesta de este libro, pero créame que no es difícil.

Dicho esto, volvamos al ejemplo del carcelero. Tome ahora cualquier número de una de las puertas... que no sea un cuadrado.

Voy a elegir uno cualquiera (y usted hágalo con su propio ejemplo). Yo voy a elegir el 45, que se escribe así:

$$45 = 3 \cdot 3 \cdot 5 = 3^2 \cdot 5 \qquad (1)$$

Lo que me/nos interesa es contar el número de divisores, que son:

1, 3, 5, 9, 15, 45

que se obtienen como:

$$1 = 1$$
$$3 = 3$$
$$5 = 5$$
$$9 = 3 \cdot 3 = 3^2$$
$$15 = 3 \cdot 5$$
$$45 = 3^2 \cdot 5$$

Esto muestra que todas las combinaciones que se pueden hacer con los números que figuran en (1) dan un número par.

Un poco más en general: si un número A (que *no* es un cuadrado) se escribe –al descomponerlo en números primos– como

$$A = a \cdot b$$

56 En realidad, para que la escritura sea única hace falta suponer que los primos son todos positivos. Pero es una licencia menor que me tomé para no introducir una complicación técnica.

(donde a y b son números primos *distintos*), los posibles divisores son:

1, a, b y (a · b) (cuatro divisores)

Si el número A se escribe como $A = a^2 \times b$, entonces, *todos* los divisores de A son

1, a, b, a^2, a · b, $a^2 \cdot b$ (otra vez un número par de divisores)

Si el número A se escribe como $A = a^3 \times b$, entonces, *todos los divisores de A* son:

1, a, b, a · b, a^2, $a^2 \cdot b$, a^3, $a^3 \cdot b$

O sea, otra vez un número *par* de divisores.

Un último ejemplo: si el número A se escribe como $A = a^3 \times b^2$, entonces, sus divisores son:

1, a, a^2, a^3, b, a · b, $a^2 \cdot b$, $a^3 \cdot b$, b^2, $a \cdot b^2$, $a^2 \cdot b^2$, $a^3 \cdot b^2$

que suman 12 (doce), que también es un número par. En definitiva, si uno tiene una descomposición así:

$$A = a^m \cdot b^n$$

entonces, para calcular *todos* los divisores, hay que combinar (multiplicando) todas estas posibilidades:

$$a^0, a^1, a^2, a^3, a^4, a^5, \ldots, a^m, b^0, b^1, b^2, \ldots, b^n$$

Y eso resulta en $(m + 1) \times (n + 1)$ combinaciones.

Aquí quiero hacer una observación: la única manera de que un producto de números enteros sea *impar* es que *todos* los factores lo sean. Basta con que uno solo de ellos sea par para que el producto resulte par. En consecuencia, para que $(m+1) \times (n+1)$ sea impar, tanto $(m+1)$ como $(n+1)$ tienen que ser impares. Pero entonces eso quiere decir que tanto m como n tienen que ser pares. En ese caso, el número

$$A = a^m \cdot b^n$$

resulta ser un *cuadrado*. Es que si m y n son pares, eso significa que

$$m = 2 \cdot k$$
$$n = 2 \cdot t$$

Luego,

$$A = a^m \cdot b^n = a^{2k} \cdot b^{2t} = (a^k \cdot b^t)^2$$

Este razonamiento que usé para el caso de que el número A sea el producto de sólo *dos* factores se puede generalizar y, por lo tanto, la única manera de que el número de divisores sea un número impar es que el número A sea un cuadrado, como queríamos comprobar.[57]

> **Moraleja:** Cuando el carcelero loco termina su recorrida, las únicas celdas que quedan abiertas son la 1, 4, 9, 16, 25, 36, 49, 64, 81 y 100.[58]

57 Recíprocamente, cualquier *cuadrado* tiene todos los exponentes pares, y por lo tanto, si una puerta tiene como número un cuadrado, entonces está abierta. Y esto termina el razonamiento: una puerta está abierta si, y sólo si, el número que le corresponde *es* un cuadrado.

58 Eduardo Cattani me sugirió que planteara lo siguiente, como una *nueva* manera de acercarse al problema, y mostrar de alguna forma cómo funciona el *pensamiento de un matemático.*

1) Tratemos de decidir si una puerta dada, digamos la puerta que lleva el número n, queda abierta o cerrada.

Sobre sándwiches, medialunas y sistemas de ecuaciones

En lugar de escribir la respuesta directamente, yo lo guío.

Compare qué consumió de más el segundo día en relación con el primero. Si se fija, mientras que el primer día consumió *dos* medialunas, el segundo día comió *tres*. Luego, hay *una* medialuna de más.

Por otro lado, el primer día consumió *un* sándwich y el segundo, *dos*.

> **Moraleja:** comió *una* medialuna más y *un* sándwich más.

En total, de un día para otro, comió *una* medialuna y *un* sándwich más. Al mismo tiempo, como el primer día pagó 4 pesos y el segundo 7, eso significa que pagó 3 pesos por una medialuna y un sándwich (figura 3). ¿Estamos de acuerdo hasta acá?

Pero le recuerdo que el primer día usted pagó 4 pesos por *dos* medialunas y un sándwich. O sea que la medialuna de más que comió le salió *1 peso más*.

> **Moraleja:** cada medialuna *vale 1 peso*.

---

2) Para poder decidirlo, hay que observar que el estado de la puerta *n* se modifica en el paso *k* del carcelero, si y sólo si *n* es un múltiplo de *k*, o lo que es lo mismo, si *k* divide a *n*. Es decir, la puerta *n* cambia de estado tantas veces como *divisores* tenga el número *n* (incluyendo al 1 y al propio *n*).

3) Si el estado de *n* se modificó un número par de veces, entonces quedará cerrada, y si se modificó un número impar, quedará abierta. Eduardo termina diciendo entonces: "Así planteado, el problema es puramente matemático y ya no hay ni llaves ni carceleros locos. Todo lo que hay que saber es ¿qué números *n* tienen un número par de divisores y cuáles tienen un número impar?". Mirando en la tabla que figura más arriba, uno *conjetura* que el número de divisores es *impar* si y solo si el número es un cuadrado. Y luego, usando el Teorema Fundamental de la Aritmética, se puede probar la conjetura y terminar de *cerrar* la demostración.

Por último, si usted pagó 3 pesos por una medialuna y un sándwich (como figura más arriba), pero dedujo que cada medialuna valía *1 peso,* entonces eso quiere decir que cada sándwich vale *2 pesos.*

Figura 1

Figura 2

Figura 3

Y se terminó el problema. Es decir, usando el sentido común, usted puede/pudo deducir la solución.

En la terminología de la matemática, esto que escribí más arriba corresponde a la resolución de un *sistema de dos ecuaciones lineales con dos incógnitas.* Para que la solución que encontramos (usted y yo) se pueda utilizar en otras oportunidades sin tener que pensar todo otra vez, ni referirnos a los sándwiches y las medialunas, se trata entonces de escribir todo lo que figura más arriba en términos "más matemáticos" o "más algebraicos". Aquí la letra *M* desempeña el papel de la *medialuna* y la letra *S,* el del *sándwich.*

1ª ecuación: $2\ M + S = 4$

2ª ecuación: $3\ M + 2\ S = 7$

Cuando usted se fijó en la diferencia entre lo que había comido el primer día y el segundo, es como si hubiera *restado* las dos igualdades, o sea, la segunda *menos* la primera:

Diferencia entre las dos ecuaciones $M + S = 3$ (*)

Pero usando otra vez la 1ª ecuación $2\,M + S = 4$ (**)

Si restamos (**) menos (*), se tiene:

$M = 1$ (cada medialuna vale 1 peso)

Luego, si uno *mira* la ecuación (*) como $M = 1$, se deduce que $S = 2$ (*un* sándwich vale 2 pesos).

Y se terminó el problema.[59]

Eso sí, la matemática, en lugar de tratar con sándwiches y medialunas, trabaja con *letras* que se pueden usar en cualquier caso. Esas *letras* son las que se llaman *incógnitas* y, para no tener que hacer las mismas cuentas y deducciones *todas las veces,* se desarrolla una teoría que sirve luego para muchos ejemplos en los que se cumplen condiciones similares. Pero, como siempre, primero vienen los problemas y luego, las soluciones. No al revés.

Las naranjas y los diámetros distintos

Como por lo general ninguna persona come la cáscara de las naranjas, lo aprovechable (en principio) es el jugo que se puede exprimir de ellas. Como estamos suponiendo condiciones ideales, esto significa que lo que quiero calcular es *el volumen de líquido que entra en una*

59 Este método que encuentra la solución en este caso en particular se generaliza –entre otros– como el método de eliminación de Gauss. Vale la pena decir acá que Johan Carl Friedrich Gauss (1977-1855) fue un matemático alemán, quizás el más importante de la historia, considerado por muchos como el *Príncipe de la Matemática.* Su producción ha sido tan prolífica que es imposible resumirla en un solo libro. Pero cualquier lector interesado debería dedicarle tiempo a *recorrer* su obra. Leerla le alcanzaría para *entender* de qué se trata la matemática misma.

naranja de las más grandes, y compararlo con el que produce una de las más chiquitas, para poder decidir cuántas chiquitas debo llevar.

Para empezar, quiero recordar cómo se calcula el volumen de una esfera (fórmula que se puede deducir en forma no muy complicada y que aparece en cualquier libro de matemática del colegio secundario). Esa fórmula es:

Volumen de una esfera de radio R = $(4/3)\,\pi \times R^3$

No se preocupe por la fórmula. No deje que la fórmula lo detenga. Si la conocía, bien. Si no la conocía (y le interesa saber cómo se obtiene), es fácil de encontrar. Recordemos que había *dos* tipos de naranjas distintas, unas con un radio (o diámetro) que es la mitad del radio de las otras. Ahora, creo que estamos en condiciones de hacer el cálculo que queríamos.

Voy a llamar *R* al radio de la naranja más chica. Esto quiere decir que el radio de la naranja más grande es $2R$ (el doble). Luego, el volumen de la naranja más chica es:

$$(4/3)\,\pi\,R^3 \qquad (1)$$

Por otro lado, el volumen de la naranja más grande es:

$$(4/3)\,\pi\,(2R)^3 \qquad (2)$$

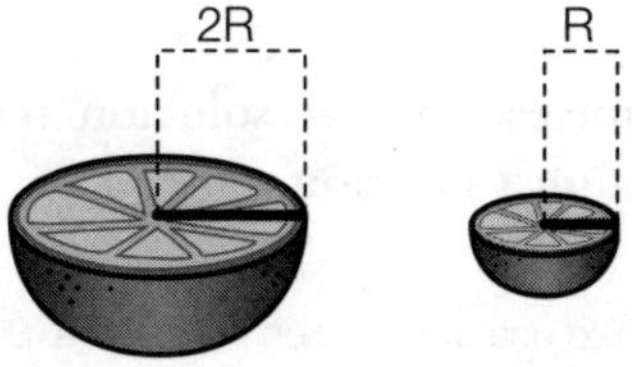

Es importante entonces que usted *mire fijo* las dos fórmulas: (1) y (2). Luego, tratemos de compararlas. La fórmula (2) se puede escribir así:

$$(4/3)\,\pi\,(2R)^3 = (4/3)\,\pi\,8(R)^3 \qquad (3)$$

donde el número 8 que aparece se obtiene de elevar 2 al cubo. Compare ahora las fórmulas (1) y (3). ¿Cuál es la moraleja?

Lo que uno aprende al mirar la fórmula (3) es que el volumen de la naranja más grande resulta ser *8 veces* el volumen de la naranja más chica. Por lo tanto, si el cajero quiere que uno lleve naranjitas chicas para compensar la más grande, lo que uno tiene que hacer es ¡llevarse 8 naranjas!

Este resultado parece antiintuitivo y exagerado. Sin embargo, el volumen de la naranja más grande es *8 veces* el volumen de la naranja más chica... y si uno quiere ser justo se tiene que llevar *8 naranjas* de las más pequeñas, para compensar la diferencia de tamaño.[60]

¿Qué es mejor: *cinco* de diez o *uno* de diez?

Sería más conveniente preguntarle al que *acierta* sólo *una* vez de cada diez. ¿Por qué? Porque si esta persona sólo acierta una de cada diez veces, basta con escuchar lo que diga... ¡y hacer lo contrario! Eso significa que uno *no se va a equivocar* en nueve de cada diez veces. Parece simple (porque lo es), pero es un muy lindo ejercicio de lógica.

Cinco mujeres, sus pesos y la balanza

En realidad, tendría que escribir *una* solución, o mejor dicho, una manera de llegar a la única solución.

60 Juan Sabia me hizo una observación interesante. Si las naranjas, en lugar de ser esféricas, fueran cúbicas, quizá no sería ya tan *antiintuitivo* advertir que si uno multiplica un lado por 2, entonces el volumen se multiplicaría por 8. Y esto sucede con cualquier figura en tres dimensiones (conos, cilindros, paralelepípedos, etcétera). Si uno duplica el ancho, el largo y la altura, el volumen se multiplica por 8. Por otro lado, Eduardo (Cattani) me pide que *resalte* que no son importantes el número 4/3 ni π, sino que el volumen de la esfera depende del *cubo del radio.*

Veamos. Les voy a poner nombres a las mujeres. Las voy a llamar A, B, C, D y E. Más aún, las voy a ordenar por peso. Es decir, la más liviana es A y la más pesada es E, y la escala va en orden ascendente (tanto por peso como por el alfabeto). Ahora bien: como son cinco mujeres que se pesaron de "a pares" en todas las posibles combinaciones, esto significa que subieron a la balanza así:

AB, AC, AD, AE, BC
BD, BE, CD, CE, DE

(No necesariamente en ese orden.)

Si se fija, cada mujer subió a la balanza cuatro veces. Es decir que, si uno suma todos los datos, obviamente NO obtiene la suma de los pesos de las cinco mujeres, sino que obtiene cuatro veces esa suma. Piense otra vez lo que escribí recién. Como cada mujer se pesó cuatro veces, cuando haga la suma total de todos los pesos, voy a estar contabilizando el peso de cada una de ellas *cuatro* veces.

Por lo tanto, como la suma da (y le propongo que haga la cuenta) 1.136 kilos, entonces, para obtener *la suma del peso* de las cinco mujeres, lo que hay que hacer es dividir por 4.

Resultado:

1.136 / 4 = 284

Ahora que uno tiene la suma de los pesos de las cinco mujeres, ¿cómo usar este dato? ¿Para qué sirve? Es decir, uno conoce ahora el siguiente hecho:

A + B + C + D + E = 284 (*)

¿Y? Recordemos que también conocemos las sumas del peso de a dos, que escribo otra vez: 105, 108, 110, 111, 113, 115, 116, 118, 119 y 121.

Sin embargo, lo que uno podría hacer es pensar que, como ordenamos a las mujeres en forma *creciente* por sus pesos, uno en realidad sabe lo siguiente (y lo invito a que piense por qué lo sabemos).

A + B = 105, y
A + C = 108 (**)

Además, sabemos que

D + E = 121, y
C + E = 119 (***)

¿Descubrió por qué pasa esto? Es que al haber ordenado a las mujeres en forma creciente de acuerdo con su peso, A + B *tiene* que ser la *menor* suma posible de los pesos de las dos primeras mujeres, ya que son las dos más livianas, y por lo tanto esa suma *tiene* que dar 105.

De la misma forma, D + E *tiene* que ser la *mayor* suma posible de los pesos de las últimas dos mujeres, ya que son las dos más pesadas, y por lo tanto esa suma *tiene* que dar 121.

Pero, además, podemos deducir otras *dos sumas.* En las ecuaciones (**) puse que (A + C) = 108. ¿Por qué? O sea, ¿por qué la suma de A y C va a resultar el *segundo* menor peso? Es que, excluyendo el caso A + B, si sumo el peso de otras dos mujeres cualesquiera, el peso será mayor que si pongo A y C, porque cualquiera sea la más liviana de las que elegí, pesará más que A (o igual), y la segunda (como no puede ser B, porque excluí el caso A + B) pesará más (o igual) que C. Luego, se deduce que

A + C = 108

Haciendo un razonamiento equivalente, pero ahora para las más pesadas, se deduce que, como figura en (***):

C + E = 119

Hágame caso. Trate de hacer usted el razonamiento. Convénzase de que lo que hice recién para el caso de las dos mujeres más livianas se puede usar en forma *simétrica* para el caso de las dos más pesadas.[61]

Y ahora, está todo listo para terminar de resolver el problema.

En la suma que figura en (*), puedo reemplazar donde dice (A + B) y poner 105, como figura en (**), y donde dice (D + E) poner 121, como figura en (***).

Luego, se tiene

(A + B) + C + (D + E) = 105 + C + 121 = 284

Esto quiere decir que

C = 284 – (105 + 121) = 284 – 226 = 58

O sea, hemos descubierto que C = 58. Con este dato, ahora puedo calcular el resto.

Uso otra vez las fórmulas de (**), y como sé que (A + C) = 108, y acabamos de descubrir que C = 58, entonces

A + 58 = 108, o sea, A = 108 – 58 = 50

De modo tal que hasta ahora sabemos que:

A = 50 y C = 58

Uso nuevamente las fórmulas de (**), sabiendo que A = 50.

61 Le propongo que piense *por las suyas* por qué no se puede deducir que el tercer peso (110 kg) corresponde al momento en que subieron A y D a la balanza. O, de la misma forma, ¿por qué no se puede concluir que el tercero *contando* desde el otro lado (118 kg) se obtiene cuando suben a la balanza B y E?

Entonces:

A + B = 105 y A = 50

Luego,

B = 105 – 50 = 55

Por otro lado, uso que (C + E) = 119, como figura en (***). Pero entonces,

(C + E) = 119 = 58 + E = 119

Y de acá se deduce (*despejando E*) que

E = 119 – 58 = 61

Y por último, usando que (D + E) = 121, como aparece en (***), y sabiendo que E = 61, se obtiene:

D + E = 121 = D + 61

Luego,

D = 60

En resumen:

A = 50
B = 55
C = 58
D = 60
E = 61

Y listo. Es decir, la idea es poder usar todos los datos en forma no necesariamente convencional. En este caso, lo que sirvió fue:

a) Ordenar las mujeres en forma ascendente de acuerdo con su peso.
b) Calcular el peso *total* de las cinco mujeres.
c) Deducir el peso de A, B y C sabiendo que la suma de A y B da el número más chico, y la suma de A y C, el siguiente en orden creciente.
d) Deducir el peso de D y E sabiendo que la suma de D y E da el número más grande, y que la suma de C y E da el siguiente en orden decreciente.

Este caso es un ejemplo más que muestra que el dato que faltaba al principio es en realidad una estrategia para resolverlo. No siempre es fácil de encontrar y menos cuando uno no sabe si el problema tiene solución siquiera. Pero lo que hay que hacer es entrenarse en pensar caminos alternativos… Y eso, al final, siempre nos mejora.

Problema de los dos misiles

Los dos misiles viajan en sentidos opuestos. Si uno quiere calcular la velocidad a la que se aproximan, lo que tiene que hacer es sumar las velocidades de ambos. En consecuencia, uno descubre que se aproximan a 36.000 kilómetros por hora. O sea, a 600 kilómetros por minuto.[62]

Y ése es el dato que necesito (¿quiere pensar solo *por qué?*). Sabiendo que se aproximan a 600 kilómetros por minuto, significa que *un minuto antes de estrellarse uno contra el otro* estaban a ¡600 kilómetros de distancia!, que es lo que queríamos calcular.

62 Hice este cálculo para poder convertir la velocidad en términos de *kilómetros por minuto* y *no* como estaba antes, en *kilómetros por hora.* Luego, los 36 000 kilómetros por hora se transforman en 600 kilómetros por minuto.

Como se advierte, hay un dato que es irrelevante, y es la distancia que los separaba en el momento del lanzamiento. O sea, los 7.153 kilómetros de distancia entre uno y otro no juegan ningún papel en la resolución del problema.

Lo que esto enseña, entonces, es que muchas veces, cuando uno se tropieza con un problema, tiene la tentación de *forzar* el uso de *todo* lo que se sabe, cuando en algunas ocasiones resulta innecesario. Este ejemplo sirve para comprobarlo.

Más sobre sombreros

¿Cómo hacer? Todos saben que, en total, se pueden equivocar sólo una vez. ¿Cuáles son los datos que puede usar cada uno? Lo que *ve* es sólo el color de los sombreros que tiene adelante. En cambio, *todos* escuchan lo que van diciendo los que están ubicados detrás (y también lo que dicen los de adelante, pero eso ya no tiene incidencia porque para entonces uno ya dio su respuesta).

Se trata entonces de usar estos datos a fin de que cada uno tenga suficiente información para deducir de qué color es su sombrero cuando le toque su turno.

El que está en el lugar 20 *no tiene manera de saber de qué color* es su sombrero. Éste va a ser el único que se dará el lujo de errar y podrá usar su turno para "pasar información" al resto de los participantes. La única información que puede pasar es lo que diga respecto del color de su sombrero, es decir, si es "negro" o "blanco". La idea es que acuerden entre todos una estrategia por la cual este mensaje sirva para que los que le siguen puedan acertar con sus respectivos colores cuando les toque el turno.

Para ilustrar la dinámica, quiero mostrar primero una estrategia que NO funciona. Supongamos que el que está en el lugar 20 de la fila mira el color del que está adelante (el número 19) y dice ese color. De esta manera, el que está en el lugar 19 sabrá, cuando le toque el turno, qué color tiene. Hasta acá todo funciona. Sin embargo, cuando le toque responder al que está en el lugar 18, no tendrá forma de saber cuál es el color de su sombrero y, por lo tanto, esta estrategia no garantiza que ganen el juego.

Una estrategia mejorada (pero todavía insuficiente para ganar el juego) sería que el último de la fila se fije qué colores tienen las dos personas que están inmediatamente delante de él (el 19 y el 18 de la fila) y diga "negro" si sus sombreros son del mismo color (es decir negro-negro o blanco-blanco), o "blanco" si son de distinto color (es decir, negro-blanco o blanco-negro). De esta manera, cuando le toque el turno al que está en el lugar 19, como puede ver el color del sombrero de adelante (el 18) y sabe (por la información que le pasó el 20) que su sombrero es igual o diferente del 18, podrá deducir inequívocamente el color de su sombrero. El 18 también tiene toda la información que necesita, ya que escuchó lo que dijeron el 19 y el 20 y, por lo tanto, puede deducir rápidamente el color de su sombrero. Hasta acá, esta estrategia funciona bien. Pero cuando le toque el turno al 17, éste no podrá saber de qué color es su sombrero. Por lo tanto, esta forma de abordar el problema *tampoco* sirve.

Ahora tómese otro rato para pensar antes de llegar a la estrategia ganadora que le voy a proponer. Si quiere, puede inspirarse en los dos ejemplos de arriba para ver si se le ocurre cómo extender esa estrategia y transformarla para que le sirva a todo el grupo. Créame que vale la pena que le dedique un rato.

Ahora, sigo yo.

Una estrategia ganadora (que por supuesto no tiene por qué ser la única, ni mucho menos) es la siguiente: el que está en el lugar 20 cuenta el número de sombreros negros que tiene delante de él. Resultará un número entre 0 y 19. La información que le pasará al resto de sus compañeros es la "paridad" de este número, es decir, les dirá si el número de sombreros negros que está viendo es par (0, 2, 4, ..., o 18) o impar (1, 3, 5, ... o 19). ¿Cómo le *pasa* esta información al resto? (Piense usted por un momento y luego siga.)

Por ejemplo, diciendo "negro" si el número es par y "blanco" si es impar. Todos los demás escuchan esto y toman "nota mental".

El que está en el lugar 19 sabe ahora si el que ocupa el lugar 20 ve un número par de sombreros negros, incluido el sombrero del 19. Pero también él mismo puede hacer la cuenta de si ve un número par o impar de sombreros negros, es decir, entre los primeros 18 miembros del grupo. Si la paridad que ve el 20 y la que ve el 19 son distintas, eso quiere decir que el 19 tiene un sombrero negro. ¿Se entiende por qué?

Por ejemplo, si el 20 ve un número par de sombreros negros y el 19 ve un número impar, entonces el sombrero del 19 tiene que ser negro. Inversamente, si la paridad de sombreros negros que ven el 20 y el 19 es la misma (par-par o impar-impar), entonces el 19 tiene que tener un sombrero blanco. De esta manera, el 19 tiene certeza del color de su sombrero y lo anuncia en voz alta. Todos sus compañeros escuchan y toman "nota mental".

¿Cómo sigo ahora? El que está en el puesto 18 puede inferir cuál es la paridad de sombreros negros que ve el 19 usando la información de la paridad que veía el 20 y el color del 19. Con esta información y mirando cuántos sombreros negros tiene por delante en la fila, puede aplicar la misma regla para saber el color de su sombrero.

¿Ya se dio cuenta de cómo extender la estrategia para todos los participantes? Cada miembro del grupo tiene que prestar atención a dos cosas:

1) La paridad del número de sombreros negros que ve el último de la fila.
2) El número de sombreros negros que tienen los que están detrás de él y hasta el puesto 19 de la fila.

Con estos dos datos, cuando le toque el turno, por ejemplo, al que está en el puesto 10 de la fila, puede saber cuál es la paridad que ve el que está detrás (el 11).

Supongamos que el 20 dijo "negro" y que, por lo tanto, ve un número par de sombreros negros inmediatamente delante de él. También supongamos que entre los puestos 19 y 11 hay 5 sombreros negros (es decir, un número impar en este ejemplo) y 4 blancos. El que está en el puesto 10 puede concluir que el del puesto 11 ve hacia adelante un número impar de sombreros ya que éstos, sumados a los cinco sombreros negros que hay entre el 19 y el 11, deben resultar un número par (lo que ve el 20). Como el 10 puede ver cuántos sombreros negros tiene por delante, puede concluir cuál es el color de su sombrero sin dudar.

De esta manera se repite el procedimiento hasta que todos dicen con certeza el color de su sombrero.

Una última observación. El hecho de que hubieran sido 20 jugadores es irrelevante. La estrategia que hemos diseñado es *independiente* del número de personas y de sombreros. Por lo tanto, es posible extenderla a *cualquier número* de participantes.

Pero lo que la matemática enseña en este caso es que una vez resuelto un caso particular (el de 20 sombreros y 20 personas), ahora uno está en condiciones de generalizarlo a un número *n* cualquiera.

Las frentes negras

A piensa: "Si B se ríe, es porque cree que su cara está limpia. Pero si B viera que mi cara *también* está limpia, entonces, ¿de qué se estaría riendo C?".

Cómo pintar un cubo con dos colores

Analicemos los casos (y usted deje de leer cuando sienta que ya puede avanzar sin ayuda). Justamente, el hecho de que un dado se pueda rotar hace que varias coloraciones sean indistinguibles. Lo que hay que hacer es *contar* bien estos casos.

Para eso, voy a separar cada situación de acuerdo con el número de caras que estén pintadas de *cada color*. Es decir, los casos posibles son:

6-0 (seis caras del mismo color)
5-1 (cinco caras de un color y la restante del otro)
4-2 (cuatro caras de un color y las dos restantes del otro)
3-3 (tres de cada color)

Obviamente, el caso 6-0 es el más fácil: hay una sola forma (por color): todo de "blanco" o todo de "negro". En total, 2 posibilidades.

En el caso 5-1, igual que el anterior, sólo hay *una forma por color*. Es que, por ejemplo, si uno tiene 5 caras pintadas de negro y la restante de blanco, al rotar el dado uno advierte que ésa incluye cualquier otra posibilidad. Pero como hay *dos colores*, entonces podemos pintar 5 de negro y 1 de blanco, o bien 5 de blanco y 1 de negro. En resumen: 2 posibilidades.

El caso 4-2 requiere pensar un poco más. Una manera es que las dos caras pintadas de un color (digamos blanco) estén enfrentadas, y las cuatro restantes se pinten del color que queda (negro). Ésa es una forma. Cambiando el color (blanco por negro y viceversa), se tienen en total 2 (dos) formas.

Pero otro caso que hay que contemplar es que uno puede tener dos caras *adyacentes* (pegadas por una arista) que estén pintadas de un color (digamos blanco) y las cuatro restantes del otro color (negro).[63] Esta distribución de colores no está contemplada en el caso anterior y, por lo tanto, provee una configuración distinta. Una vez más, intercambiando los colores, se obtienen otras 2 formas posibles. En total, entonces, hay 4 formas de pintar el dado en el caso 4-2.

Por último, falta analizar el caso 3-3 (tres caras de cada color). ¿Lo quiere pensar por su cuenta?

Elijamos un color: digamos blanco. Las tres caras pintadas de blanco pueden tener un vértice común (trate de imaginárselo). Las otras tres caras (que también tienen un vértice común) van pintadas de negro. Ésta es *una* distribución posible de los colores.

63 Este distribución de colores agrega *esencialmente* un solo caso más, porque todas las otras "posibilidades" se obtienen rotando el dado.

Pero hay otra configuración a considerar: cuando las tres caras pintadas del mismo color son consecutivas. Es decir, la tapa de arriba y la de abajo del cubo, y además una de las caras laterales (y le pido que no avance si no piensa por su cuenta cada caso) son blancas. Por supuesto, las tres caras restantes van pintadas de negro.

O sea, hay 2 formas más. La pregunta es (en este caso): ¿hace falta intercambiar el *blanco* con el *negro* como en los otros casos? ¿Hay que multiplicar por 2, como hicimos antes?

La respuesta es *no.* Cada configuración que acabo de describir para 3-3 contempla ambos colores. Es decir, cambiar los colores *no cambia nada, no aporta nada nuevo.* Por lo tanto:

6-0: 2 configuraciones
5-1: 2 configuraciones
4-2: 4 configuraciones
3-3: 2 configuraciones

Total: 10 posibilidades. Claramente, la respuesta que uno intentaba dar al principio estaba *muy lejos* de la correcta.

Moraleja: Este problema es evidentemente muy sencillo. Eso sí, uno corre el riesgo de equivocarse si no cuenta bien. Y contar, sin tener que hacer una lista de todos los casos, es un tema no menor dentro de la matemática. Una cosa es saber cuántas personas hay en una guía telefónica. Otra distinta es tener que escribir todos los nombres. Esa rama –de la matemática– que cuenta sin listar se llama "combinatoria".

¿Cómo hacer con 2 barriles de 10 litros cada uno para poner 2 litros de leche en dos baldes que almacenan 5 y 4 litros respectivamente?

Voy a escribir cuatro columnas. Las dos columnas de la izquierda representarán los 2 barriles. Las dos de la derecha, los 2 baldes.

Cada fila indica un paso y qué es lo que hay que hacer para conseguir –al finalizar el proceso– los 2 litros de leche en cada balde.

Por ejemplo, en el primer paso se vertieron 5 litros del barril 1 y se almacenaron en el balde 1. De ahí que en la segunda fila aparezca un número 5 debajo del barril 1 (ya que saqué 5 litros de allí) y en el balde 1 ahora figuren 5 litros cuando en el paso anterior estaba vacío.

Barril 1 (10 litros)	**Barril 2 (10 litros)**	**Balde 1 (5 litros)**	**Balde 2 (4 litros)**
10	10	0	0
5	10	5	0
5	10	1	4
9	10	1	0
9	10	0	1
4	10	5	1
4	10	2	4
8	10	2	0
8	6	2	4
10	6	2	2

Así llegamos a 2 litros en cada balde, que es lo que queríamos.

Estrategia para trabajar en Microsoft

Si uno deja *solamente una bolita roja* en el frasco 1, y pone las 99 bolitas restantes en el frasco 2... entonces, ¿cuál es la probabilidad de sacar una roja?

$$(1/2) \cdot (1/1) + (1/2) \cdot (49/99) = 0,5 + 0,2474747\ldots = 0,747474\ldots$$

O, lo que es lo mismo, un poco más del 74,74%.

Y ésta es la mejor estrategia posible que se puede encontrar. Claro, faltaría convencerse en serio, pero para eso lo dejo con su propia imaginación.

Lo disfrutable y atractivo de este ejemplo *no es la solución* –como casi en la mayoría de los ejemplos–, sino haber *pensado* una estrategia que sirviera para mejorar lo que había de antemano. Parecía que uno no podía mejorar el 50%. Sin embargo, no sólo *no era así,* sino que uno finalmente logró casi llegar al 75% de probabilidades de acertar.

Y de eso se trataba. De disfrutar el trayecto y de poder *elaborar una estrategia,* algo que uno hace constantemente en la vida cotidiana, sólo que no lo advierte... ¿O sí?

Problema de lógica: A, 5, D y 2

Veamos. Si su respuesta incluyó *dar vuelta* la carta que presenta la letra D, está en lo correcto. No tendría sentido dar vuelta ninguna otra carta *antes* de comprobar si detrás de la que tiene la letra D hay un número *5*.

Y acá se plantean dos alternativas:

a) Detrás de la D *no hay* un 5.
b) Detrás de la D *hay* un 5.

En el caso (a), se termina el problema. Uno puede afirmar que la frase es *falsa.* Y listo. La situación queda resuelta con *un solo* movimiento.

Sin embargo, si sucede (b), o sea, si del otro lado de la D *hay* un número *5,* todavía no se puede garantizar que la frase sea cierta. ¿Por qué?

¿Podría usted asegurar que es *cierta*? Para que así fuera, tendríamos que garantizar que con las otras tres cartas no se viola lo que se pide.

Si está tentado de decirme que la otra carta que hay que dar vuelta es la que presenta el número *5*, le aseguro que está en un error. Le propongo que piense de nuevo. Lo espero.

Sigo yo. Decía que dar vuelta la carta con el número *5* no ayuda porque, *haya o no haya* una letra D del otro lado (que es lo que quizás usted pensó), no nos dice nada respecto de la frase inicial.

Es que, si lee bien el enunciado, verá que allí dice que *detrás de cada letra D hay un número 5*, y NO que *detrás de un número 5 tiene que haber una letra D*. Luego, haya o no haya una D del otro lado del 5, ese dato no ayuda a decidir si la frase es verdadera o falsa. Sería un movimiento inútil.

Tampoco hace falta dar vuelta la carta que tiene la letra A en el frente (ya que la frase no involucra a la letra A). Sin embargo, lo que SÍ hay que hacer es *dar vuelta la que tiene el número 2*.

Si esa carta tiene cualquier letra que no sea una D, no hay problema: la frase *es cierta* (recuerde que estoy suponiendo que detrás de la letra D hay un 5). En cambio, si detrás del número 2 *hay una letra D*, entonces la frase es con seguridad FALSA.

Conclusión: Lo que uno tiene que hacer es:

a) Dar vuelta la carta que tiene la letra D y fijarse si hay un 5 o no. Si no hay un 5, la frase es falsa y se terminó todo en un solo movimiento.
b) Si detrás de la letra D hay un 5, *todavía* no se puede afirmar que la frase es cierta. Hace falta…
c) … dar vuelta la carta que tiene el número 2. Si al hacerlo aparece cualquier letra que no sea una D, entonces uno puede afirmar que la frase es cierta.
d) En cambio, si del otro lado hay una D, entonces, la frase es falsa.

Es sólo un problema de lógica. Ni más ni menos. Y la lógica es parte también de la matemática.

Cien monedas, diez "caras": el desafío

Si pensó mucho y al final se aburrió, o no le salió, le propongo que haga lo que hacemos los matemáticos cada vez que tenemos un problema de este tipo: tratar de simplificarlo. Es decir, considerar "casos particulares", con menos monedas. Intente con 4 monedas, de las que sólo una sea "cara", o con 6 monedas y 2 "caras". Pero no se dé por vencido. ¿Qué gracia tendría, si no, leer lo que sigue?

Ahora, claro, si ya llegó a un punto en que está dispuesto a explotar (o a romper el libro), siga leyendo. Yo voy a proponer una solución. Puede que no sea la única, pero es la que se me ocurrió.

Empiece por elegir *cualquier grupo de 10 monedas*. No importa la forma en que uno las elija. Sólo *separe* 10 monedas de un lado (o sea, deja las otras 90 en el otro grupo). Ahora, dé vuelta las 10 que eligió (es decir, las que eran "caras" pasarán a ser "cecas", y viceversa).

¿Qué pudo haber pasado? Muchas cosas. Usted podría haber *dejado las 10 "caras"* entre las 90 monedas que están en uno de los grupos. En ese caso, las 10 que eligió para el otro grupo serían *cecas*. ¿Qué pasa, entonces, si las da vuelta?: esas 10 serán *todas caras*. Y del otro lado, usted ya sabía que había 10 caras también. O sea, que este sistema, *en este caso,* funcionó para obtener la solución. Pero me lo imagino pensando: "Sí, funcionó, pero *justo* en este caso porque dejé las 10 caras en el grupo de las 90 monedas".

Ahora, esa solución, ¿servirá siempre? Por ejemplo, si al separar las 10 monedas hubiera incluido *cuatro* que fueran caras, ¿funcionaría también? (Aquí, le propongo que siga por su cüenta otra vez.)

Continúo: si usted eligió 10 monedas de las cuales *4* son caras, quiere decir que en el grupo de 90 quedaron las otras *6* (caras). Pero también significa que en el grupo de 10 hay *4 caras y 6 cecas.* Entonces, si las da vuelta, como yo hice en el ejemplo anterior, van a quedar *¡6 caras en el grupo de 10 y 6 caras en el grupo de 90!*

Es decir, el problema vuelve a quedar solucionado. ¿Qué le parece que puede pasar si, al elegir las 10 monedas, se queda con 7 caras? ¿Quiere pensarlo un poco?

Como se advierte (si es que siguió el razonamiento), el problema también está solucionado. Todo lo que hay que hacer es separar (en cualquier caso) 10 monedas de cualquier forma, y *darlas vuelta*. Eso garantiza que haya tantas *caras* de un lado como del otro.

¿Es antiintuitivo? No sé. Creo que no. Lo que a uno le pasa es que pelea contra la noción de que el problema no tiene solución y, por lo tanto, no quiere pensar. Pero no me parece que sea antiintuitivo.

¿No le resultó interesante? Muchas veces la solución está *ahí*, enfrente de nuestra nariz, pero uno, como intuye que debe ser *muy complicada*, se resiste a pensar. Abandona antes de empezar (casi). En particular, si uno tiene la tendencia *a no creerse capaz ni potente para resolver problemas*. Eso, piensa quizá, queda para los otros. Pero usted, ¿no forma parte de "los otros"?

Matemágica para mostrar cómo hacen los magos un truco con cartas

El mago tiene 10 cartas en su poder. Algunas, boca abajo y otras, boca arriba. Sólo a manera de ejemplo, supongamos que tiene únicamente 2 cartas boca arriba.

Esto significa que suceden dos cosas:

a) El mago tiene *8 cartas* boca abajo (ya que tenía en total 10).
b) Usted tiene *8 cartas* boca arriba (ya que había en total 10 boca arriba y el mago tiene 2).

Es decir: el mago tiene tantas cartas boca abajo como las que usted tiene boca arriba.

Luego, si el mago da vuelta todas las cartas en su poder, va a tener 8 cartas boca arriba (¡igual que usted!) y 2 cartas boca abajo, que no tienen importancia.

Es decir, al dar vuelta *todas* las cartas... las 10 cartas, está convirtiendo en boca abajo las que estaban boca arriba (2, en este caso), y en boca arriba las que estaban boca abajo (8 en este ejemplo). Pero lo notable es que, al hacerlo, justamente logra que la cantidad de cartas que usted y él tienen boca arriba sea la misma… que es lo que queríamos conseguir.

Por supuesto, si en lugar de 2 cartas boca arriba hubiera habido 7 (por usar otro ejemplo), el procedimiento sería el mismo. El mago tiene que dar vuelta todas sus cartas, las 10. En este caso, si tiene 7 cartas boca arriba, quiere decir que tiene 3 cartas boca abajo… Y el espectador tiene justamente 3 cartas boca arriba.

La clave del truco es que el mago siempre tiene boca abajo el mismo número de cartas que el espectador tiene boca arriba. Cuando él da vuelta todas sus cartas logra que las 3 que tenía boca abajo se transformen en 3 cartas boca arriba y de esa forma tiene el mismo número de cartas en esa posición que el espectador.

Lo dejo solo para que piense por qué estos dos ejemplos son suficientes para resolver el problema en el caso general, cualquiera sea el número de cartas que tenga el mago boca arriba.

No hay trampa, no hay nada raro… es sólo una manera de usar la lógica, la matemática… Y ¡la “magia”!

Tarjeta de embarque

Le quiero advertir algo antes de que lea lo que sigue. Llegar a resolver el problema es irrelevante. Lo único… –y lo quiero escribir otra vez–… lo *único* divertido de este problema es *pensarlo.*

Lo que usted va a encontrar acá abajo es algo que lo dejará tranquilo respecto de la respuesta, pero que no tiene virtualmente ninguna gracia, porque lo pensé yo… O en todo caso, lo pensamos con un grupo de amigos. Por eso, le sugiero que insista usted solo o con compañía, pero no se prive de disfrutarlo (y de frustrarse en el camino). Créame: vale la pena.

Ahora sí, voy a contar *una solución.* O mejor dicho, *mi* solución… pero obviamente hay muchísimas maneras de resolverlo y espero que aparezcan muchas personas con soluciones más sencillas y más elegantes.

Una cosa más. Lo que va a leer ahora es el resultado de haber pensado muchísimo tiempo, durante varios días, con muchas personas. No crea que se nos ocurrió enseguida, ni que nos resultó fácil. Más aún: lo que verá es un resumen de lo que nosotros hicimos, pero siempre es frustrante leer algo muy abreviado, muy conciso y, sobre todo, muy preciso como respuesta a algo que uno estuvo pensando mucho, sencillamente porque uno suele creer: *"Esto me supera; yo nunca hubiera podido hacer una cosa así"*. Bueno, por eso le advierto que no lo tome de esa forma. No puedo escribir en este espacio el intercambio de ideas y los debates que tuvimos para concluir en lo que sigue, y por eso no lo hago, pero sepa que este problema, de todos los que llevo publicados, es el que más tiempo me llevó escribir.

Éstas son las cosas de las que me convencí a medida que pensaba el problema:

1) El pasajero número 100 sólo puede sentarse en *su* asiento (el P_{100}) o bien en el asiento P_1.
2) Una vez que *algún pasajero* ocupa el asiento P_1, *todos los que le siguen* podrán ocupar el asiento que les corresponde y ninguno tendrá que optar por otra ubicación.
3) De la misma forma, una vez que algún pasajero ocupa el asiento P_{100}, entonces *todos los que le siguen (salvo el 100)* se sentarán en el asiento que les corresponde. Además, el 100 podrá ocupar (entonces) el asiento P_1.

¿Cómo me convencí de cada punto?

Veamos qué alternativas le quedan al pasajero 100. Una posibilidad es que, al entrar, su propio asiento esté libre. Entonces, está *forzado* a sentarse allí. Pero si el asiento P_{100} estuviera ocupado, el único que estará libre para él será el asiento del pasajero 1 (P_1). ¿Por qué? Es que al entrar el pasajero 100, tiene que quedar *un solo asiento libre*. Si no es el de él, *tiene que ser el* P_1 (del pasajero 1), porque, por ejemplo, si estuviera libre el P_{25}, ¿por qué no se sentó el pasajero 25 cuando entró al avión antes que el pasajero 100? (Aquí, piense lo que acaba de leer hasta asegurarse de que entendió el argumento: el pasajero número 25 no puede estar sentado en otro lugar si su asiento está libre. Por lo tanto, cuando entre el pasajero 100, no podrá encontrar vacío el lugar que le corresponde al 25). Por eso *no puede haber ningún asiento libre que no sea o bien el* P_1 *o bien el* P_{100}.

Si algún pasajero se sentó en el asiento P_1 (digamos el pasajero 38), entonces del pasajero 39 en adelante se tienen que sentar todos en sus respectivos lugares. ¿Por qué? Supongamos que al entrar un pasajero cualquiera *posterior al 38* (digamos el pasajero 73), observa que su asiento está ocupado. Entonces, como hasta allí entraron 72 pasajeros, si el P_{73} está ocupado, eso significa que algún asiento ANTERIOR al P_{72} está libre. Pero eso no puede ser, porque entonces, como ese pasajero ya entró, ¿por qué no se sentó en su lugar?

De la misma forma, si algún pasajero se sentó en el lugar P_{100} (digamos como antes, el pasajero 38), entonces del 39 al 99 se sentarán en sus lugares y el 100 tendrá que sentarse en el P_1. ¿Por qué? Porque si algún pasajero posterior al 38 (digamos el 73, como antes) encuentra su asiento ocupado, eso quiere decir que alguno de los 72 asientos anteriores está desocupado –ya que entraron hasta allí 72 personas–). Pero eso no puede pasar, porque no es posible que un pasajero que entró *antes que el 73* hubiera visto su asiento libre y no lo hubiera ocupado. Luego, el único que quedará libre será el P_1, que es el que ocupará el pasajero número 100.

Una vez que uno está convencido de los tres puntos que figuran más arriba, empieza a sospechar que hay tantas distribuciones posibles de los pasajeros con el número 100 sentado en su asiento como con el número 100 sentado en el asiento P_1. O sea, empieza a sospechar que *de todas las configuraciones posibles de pasajeros, hay tantas formas de encontrar al pasajero 100 sentado en su lugar como sentado en el asiento* P_1.

Piense lo que acaba de leer: como sabemos (por el punto 1 que figura más arriba) que el pasajero número 100 sólo puede sentarse en el asiento P_1 o en el asiento de él (P_{100}), si uno puede demostrar después que hay la misma cantidad de posibilidades de que se siente en el suyo o en el primero, entonces quedará demostrado que el porcentaje que buscábamos es del 50%. O sea, el pasajero 100 estará sentado *la mitad* de las veces en su asiento, *y la otra mitad,* en el asiento P_1.

Emprendamos el camino entonces. Vamos a convencernos (juntos) de que hay tantas distribuciones posibles que terminan con el pasajero 100 sentado en su asiento así como sentado en el primero.

Supongamos que usted viene y me trae una distribución con el pasajero 100 sentado en *su asiento* (o sea, en el P_{100}). Al mostrármela, tiene que tener algún pasajero *sentado* en el asiento P_1, digamos el 35.

Entonces yo *tomo la distribución que usted me trajo* y le hago la siguiente modificación: cambio al pasajero 100 y lo ubico en el asiento P_1, y al pasajero 35 lo siento en el P_{100}. ¿Cambia algo esto? Digo, ¿altera alguna de las reglas del juego? No. ¿Por qué? Porque en la distribución que usted trajo, como el pasajero 35 está sentado en el primer asiento, del 36 en adelante estarán todos sentados en los lugares que les corresponde. Al cambiar yo y poner al 35 en el asiento P_{100}, por el punto 3 que figura más arriba, *todos* los que le siguen (36, 37, 38, 39, …, 99) se sentarán *en sus asientos respectivos.* O sea, nada cambia. Pero ahora la diferencia está en que al pasajero 100 lo siento en el primer lugar.

La moraleja es que por cada distribución que usted encuentre que termine con el pasajero 100 en su asiento, yo encuentro *otra distribución,* que ubica al pasajero 100 en el asiento P_1.

Por otro lado, lo mismo se podría hacer al revés: por cada distribución que uno traiga con el pasajero 100 sentado en el primer lugar, uno puede intercambiar al que figura en el asiento P_{100} y sentarlo en el asiento P_1, y cambiar al pasajero 100 para sentarlo en su lugar". Es decir, este método muestra que *hay tantas distribuciones que tienen al 100 sentado en su asiento como al 100 sentado en el asiento P_1.* O sea, la mitad de las posibilidades (sean cuantas fueren).

¡Y ésa es la conclusión final! El pasajero 100 termina sentado en su lugar en la mitad de las distribuciones posibles, es decir, en el 50% de los casos. Y en el otro 50% se sienta en el asiento P_1. Y listo.

¿Parece increíble, no? Sin embargo, es así. Por eso decía (quizás por lo "antiintuitiva" que es la respuesta) que este problema es precioso, pone a prueba nuestra capacidad lógica y nos motiva a "pensar". No es poco.

Apéndice

Quiero contarles, además, un breve relato. Leí la historia sobre la tarjeta de embarque en una recopilación que hizo Peter Winkler de problemas de matemática. *Todo* el crédito le corresponde (obviamente) a él. La interpretación y la solución corren por cuenta mía. Como me gustó mucho, me propuse pensarlo. Me llevó un tiempo encontrar una solución, pero lo que más me fastidiaba era que todo lo que se me ocurría me resultaba "feo", complicado. Y encima usaba "demasiada" matemática para –lo que parece– un problema sencillo.

Les escribí entonces a dos amigos: Cristian Czubara (de la UBA) y Carlos D'Andrea (que se encontraba en un avión entre Estados Unidos, Austria y España, más precisamente en viaje hacia la Universidad de Barcelona). El problema los atrapó a los dos. Los mensajes iban y venían, con diferentes aproximaciones, "broncas" y frustraciones. Carlos y Cristian fueron produciendo una "tormenta de ideas", insatisfechos con ellos mismos la mayor parte de las veces, pero generosos con su tiempo y conmigo. Al final apareció la solución que escribí. Eso sí, los tres estamos seguros de que tiene que haber una mejor, más sencilla y sin tanto para escribir. ¿La quiere pensar usted?

Un dato más: Don Coleman, un amigo de D'Andrea, le hizo la siguiente propuesta: ¿por qué la compañía aérea no dejó al pasajero 1 esperando a que se sentaran todos los otros en sus respectivos lugares? En ese caso, el *único* asiento vacío será el que tenía asignado el número 1. Pensado así, no hubiera habido problema, ni *artículo* para este libro.

Y para terminar, una pequeña sofisticación. Lea lo que sigue, y si no entiende *todo* lo que está escrito, no se preocupe. Lo quiero hacer participar de una *intimidad* más que tuvo este ejercicio. Aunque no lo dije acá en forma explícita, el problema original tenía otra pregunta en lugar de la que le planteé. Decía: ¿cuál es la probabilidad de que el pasajero 100 encuentre su asiento vacío? Eso fue lo que pensamos con Carlos y Cristian. Pero cuando parecía que estaba todo resuelto (la probabilidad da 1/2), Juan Sabia me mostró que, para *probar* que esa probabilidad *es* efectivamente 1/2, *no alcanza* con demostrar que en la mitad de los casos el pasajero 100 se sienta en su propio asiento y en la otra mitad en el P_1, sino que había que poner en evidencia que en el *apareamiento* de casos que mostré más arriba las probabilidades coinciden dos a dos. Luego, como la *suma* de las probabilidades involucradas en cada caso daba 1/2, entonces sí se prueba que el resultado es correcto. No lo incluí acá porque involucra usar probabilidades condicionales y un poco más de matemática que la que aparece en este libro. Pero *invito al lector interesado* a que se convenza (si quiere) de que la *probabilidad de que el pasajero número 100* se siente en su asiento es 1/2, como decía el problema original de Winkler.

Problemas gödelianos

La primera respuesta es: sí, esa afirmación existe. De hecho, sospecho que debe haber varias frases que funcionen, en el sentido de que me *obliguen* a tener que darle el televisor.

Le voy a proponer una, pero no creo que sea la única. En todo caso, si a usted se le ocurrió otra, compárela con la que figura acá abajo y fíjese si tienen algo en común.

Supongamos que usted me dice: "Usted *no me va a dar la moneda de un peso*".

Ahora, pensemos juntos. Su afirmación *no puede ser falsa,* porque si lo fuera querría decir que yo sí le voy a dar la moneda. Pero de acuerdo con las reglas que yo mismo establecí, si su frase es falsa, *no le doy nada.* O sea que, para que yo considere darle *algo,* lo primero que tiene que pasar es que lo que usted me diga tiene que ser verdadero. Luego, *su frase no puede ser falsa.*

Entonces, su afirmación *tiene* que ser verdadera. Por lo tanto, yo tengo que darle o bien la moneda, o bien el televisor. Pero como acabamos de ver que su frase *es verdadera,* eso implica dos cosas:

a) Yo *tengo* que darle algo (porque lo que usted dijo es cierto).
b) No *puedo* darle la moneda porque, si no, su frase sería falsa.

Luego, no me queda más remedio que ¡darle el televisor!

El aporte de Kurt Gödel

Este tipo de situaciones se conocen como "problemas gödelianos" o "problemas de Gödel", en honor a uno de los más famosos lógicos de la historia, el austrohúngaro Kurt Gödel (1906-1978), quien se dedicó a la matemática, y dentro de ella a la lógica, y se especializó en filosofía.

Gödel, uno de los grandes *científicos* del siglo XX, revolucionó lo que se pensaba en esa época (1931) cuando demostró que la apuesta que hacían varios pensadores respecto de que todos los fundamentos de la matemática se podían demostrar desde la lógica y la Teoría de Conjuntos era falsa.

De hecho, con la demostración de su famoso Primer Teorema de Incompletitud (cuando sólo tenía 25 años), sorprendió a gente del prestigio de Bertrand Russell y David Hilbert (entre otros), quienes estaban convencidos de que a partir de un grupo de axiomas se podía demostrar *toda la matemática.* Gödel probó que eso no era posible.

Hasta principios de la década de 1930, se suponía que para toda afirmación que se hiciera dentro de la matemática se podía probar mediante el uso de la lógica que o bien era cierta, o bien era falsa. Kurt Gödel demostró, justamente en 1931, que había "verdades" que estaban más allá de la lógica, verdades que la lógica "sola" no podía comprobar.

El Teorema de Incompletitud de Gödel dice que la verdad *de algunas afirmaciones matemáticas* no se puede comprobar dentro de su propio universo lógico. Es decir, lo que hace falta es "mirarlas desde afuera (de ese universo)", para decidir sobre su veracidad.

Supongamos que yo digo: "Esta frase no es cierta". Si fuera cierta, entonces, querría decir que es falsa. Pero, si es falsa... ¿puede ser cierta? Al final, es como tratar de "morderse la cola", moviéndose en círculo. La realidad es que no hay una manera lógica de demostrar si es cierta o falsa porque la frase "habla de sí misma".

Como usted se imagina, lo que antecede es una primerísima aproximación a lo que hizo Gödel y lo que significó su decisivo aporte en el siglo pasado. Y, una vez más, *también* es "hacer" matemática.

Atentado contra la intuición: 3 monedas (una normal, una con 2 caras y otra con 2 cecas)

Le cuento lo que pensé primero, y después advertí que estaba equivocado. A lo mejor usted de entrada analizó bien la situación, pero a mí me confundió.

Yo pensé así: al elegir una de las monedas no sabía cuál de ellas era, pero obviamente tenía que ser una de dos: la *normal* (con una cara y una ceca) o la que tenía *dos caras*. Eso está claro porque la tercera moneda es la que tiene *ceca* de los dos lados y, por lo tanto, no podía ser la que había arrojado al aire. Hasta acá, todo bien.

Después pensé: si al tirarla salió cara, puede ser que haya elegido la moneda normal, en cuyo caso del otro lado hay *ceca,* o bien elegí la moneda en la que hay *cara* de los dos lados. Por lo tanto, como puede haber sido cualquiera de las dos, y de un lado hay cara y del otro ceca, la probabilidad de que del otro lado sea *cara* es 1/2, o sea 0,5. Es decir, un 50% de posibilidades de que así sucediera.

Y con este argumento podía quedarme tranquilo. Sin embargo, había algo que me parecía *raro.* Y tiene que ver con el *famoso* problema de Monty Hall que apareció en el Episodio 1 de esta serie (*Matemática... ¿estás ahí?*).

Lo que me *hacía ruido* era que, como una de las monedas tiene dos *caras,* estaba usando *poco* ese dato. Es decir: lo usé para afirmar que había dos posibilidades del otro lado de la moneda: o cara o ceca, y por eso me daba que la probabilidad era 1/2, pero no *usaba* lo suficiente el dato de que, como una de las monedas tiene *dos caras,* entonces, podría salir *cara* de dos formas distintas.

Me explico: voy a abreviar con la letra C las caras y con la letra X las cecas. Una moneda entonces es:

Moneda 1: C_1 X_1

Y la otra es:

Moneda 2: C_2 C_3

donde el *numerito* que figura agregado a cada cara o ceca indica que son distintas.

Por lo tanto, ¿qué pudo haber pasado entonces si salió cara?

Si elegí la moneda 1, quiere decir que salió C_1. En este caso, del otro lado estará *la ceca,* X_1. Pero si elegí la moneda 2, en ese caso habría dos posibilidades: o bien salió la cara C_2 (por lo tanto del otro lado está la cara C_3), o bien pudo haber salido la cara C_3, y de esa forma, del otro lado está la cara C_2.

Antes de avanzar, si le parece que no me entendió, vuelva para atrás y lea nuevamente lo que escribí, porque en verdad es lo *único* que hace que este argumento *sea distinto.* Es más: es lo que vale del problema.

Lo que escribí más arriba es que, en realidad, las posibilidades de que del otro lado haya *cara* no son *una de dos,* como me pareció al principio, sino *dos de tres.*

¿Por qué? Contemos juntos otra vez:

Si salió C_1, del otro lado hay X_1:

Si salió C_2, del otro lado hay C_3:

Si salió C_3, del otro lado hay C_2:

Como usted se da cuenta, entonces, hay ¡dos posibilidades de que sea cara del otro lado! Por lo tanto, la probabilidad de que haya *cara* del otro lado es 2/3 y no 1/2.

Este problema (o mejor dicho la solución de este problema) genera controversias, porque uno no *quiere ver* que el hecho de que una de las monedas tiene *dos caras* incide en la probabilidad que uno quiere calcular.

Para enfatizar más el argumento, le propongo *otra solución*. Lo que quiero hacer es *modelar* el problema de otro modo. ¿Qué quiere decir *modelar*?: que voy a proponer una manera *diferente* de mirarlo, de manera tal de transformarlo en un problema que en apariencia es distinto, pero cuya solución es más fácil de visualizar.

Lo hago así. Supongamos que voy a *tirar* un *dado,* un dado común y corriente.

Claramente, la probabilidad de que salga cualquiera de los seis números es la misma: 1/6. Y esto sucede porque hay un solo caso favorable sobre seis posibles. Es decir: si le preguntara, ¿cuál es la probabilidad de que al tirar un dado salga el número 5? Usted contestará: 1/6. ¿Por qué? Bueno, porque hay *un solo caso favorable* y *seis* casos posibles.

Además, en un dado (y vale la pena que se fije en este hecho si nunca lo advirtió antes), si al tirarlo salió el número 1, es porque la cara de abajo tiene el número 6. Si sale el número 2, la cara de abajo tiene el número 5. Y si salió el número 3, del otro lado estará el 4. Es decir, lo interesante es que en un dado las caras opuestas siempre suman 7.

Hasta acá, es todo conocido. Ahora imaginemos que en el dado, en lugar de tener los seis primeros números, uno ubica las caras y cecas de las 3 monedas que teníamos recién, respetando que cada moneda figura en los lados opuestos del dado.

¿Qué quiero decir con esto? Quiero decir que en el dado figuran los siguientes lados:

$C_1, X_1, C_2, C_3, X_2, X_3$

Pero, además, con la particularidad de que *debajo* de C_1 está X_1, *debajo de* C_2 está C_3, y *debajo de* X_2 está X_3.

De esa manera, modelamos el problema que teníamos con las 3 monedas con un solo dado. De hecho, el dado contiene toda la información que teníamos con las monedas.

Ahora, volvamos a pensar juntos (usted y yo) el problema original de las monedas, pero usando el *modelo* del dado.

Si salió cara, pudo haber salido C_1, C_2 o C_3
Si salió C_1, del otro lado está X_1
Si salió C_2, del otro lado está C_3
Si salió C_3, del otro lado está C_2

¿Y entonces? ¿Qué dice esto?

Dice que si salió cara, la probabilidad de que del otro lado haya otra cara es *dos de tres*, o lo que es lo mismo, 2/3.

¿Se convenció ahora? Si no, no importa. Vale la pena seguir pensando el problema independientemente de lo que diga yo. Lo único que importa es pensarlo. El resto es irrelevante.

¿Qué pasa si uno agranda una soga que enrolla la Tierra?

Justamente, el interés que presenta este problema es que atenta contra la intuición. La primera reacción que uno tiene es pensar que hace falta *mucha soga más*. Pero, ¿es así realmente? ¿Cuánta más hace falta? Por supuesto que el problema *tiene* solución. Y se trata de *estimarla.*

Como dijimos más arriba, la fórmula que permite calcular la longitud de una circunferencia de radio *R* es:

$$\mathbf{L = 2\,\pi\,R} \qquad (1)$$

Es decir, si *R* es el radio de la Tierra (no importa cuánto vale ahora, sólo interesa que le pongamos un nombre), entonces la fórmula (1) permite calcular la longitud *L* de la soga.

Lo que queremos ahora, y espero que me siga con este razonamiento, es levantar la soga para que llegue a los *2* metros de altura. Esto quiere decir que el radio de la nueva circunferencia ahora es:

$$\mathbf{(R + 2)}$$

Por otro lado, quiero calcular la *nueva longitud* de la soga, que vamos a llamar *L'*. Yo no sé cuánto mide *L'*, pero sí sé que ahora, como la soga tiene que estar a 2 metros del nivel del piso, entonces el nuevo radio es 2 metros más grande que el que teníamos antes de la Tierra, o sea (*R* + 2).

Luego, la nueva longitud que queremos calcular

$$\mathbf{L' = 2\,\pi\,(R + 2)} \qquad (2)$$

¿Y de acá? Miremos las fórmulas (1) y (2). ¿Cuánto miden *L* y *L*?

L es la medida de la soga que tenemos.

L' es la medida de la soga que necesitamos tener.

La manera de calcular (o estimar) cuánta más soga necesito es *restar* una longitud a la otra. Es decir, necesitamos restar *(L' – L)*:

$$\mathbf{L' - L = (2\pi(R + 2)) - 2\pi R}$$
$$\mathbf{= 4\pi = 12{,}57\ (aproximadamente)}$$

Entonces, la sorpresa es que ¡hacen falta menos de 13 metros!

Si uno quiere levantar la soga 2 metros del nivel del piso le harán falta unos 13 metros más de soga. Nada más. Lo cual, obviamente, atenta contra la intuición, que parecería indicar que se necesitan kilómetros de soga suplementarios, en lugar de tan pocos metros.

Hasta acá, hemos resuelto el problema que teníamos. Con todo, si uno piensa en la solución advierte que el radio de la Tierra, que llamamos *R*, no intervino en ningún paso del razonamiento. ¿Cómo interpretar esto? Esto significa que, independientemente de cuál hubiera sido el radio, si uno quiere elevar 2 metros una soga de una circunferencia de cualquier radio, lo que necesita son menos de 13 metros de soga. O sea, si nos hubiéramos preguntado lo mismo respecto de la Luna, la respuesta habría sido la misma: ¡menos de 13 metros!

Si uno estuviera en una estancia que presenta una forma circular y quiere agregar *2 metros* al contorno protegido por un alambre de púas, no importará de qué tamaño sea el radio de la estancia. Lo que harán falta son menos de 13 metros de ese alambre para ampliar el radio de la estancia en 2 metros. Y esto es un hecho notable.

Problema de los misioneros

Llamemos M1, M2 y M3 a los misioneros (en las figuras serían los círculos blancos), y C1, C2 y C3 a los caníbales (los círculos negros). Llamemos LI al lado izquierdo del río, y LD al lado derecho.

En el primer viaje van M1 y C1 en la canoa, de LI a LD. Quedan en LI, C2, C3, M2 y M3.

En LD se queda C1. Vuelve M1 con la canoa a LI.

Cuando llega, M1 viaja con C2 a LD. Quedan M2, M3 y C3 en LI. Luego del viaje, M1 deja a C1 y C2 en LD. Vuelve solo a LI.

Ahora, M1 se lleva a M2 en la canoa a LD. Deja en LI a M3 y C3. Cuando llega a LD, en donde están C1 y C2, deja a M2 en LD, pero se trae a C2 con él. Luego, en LD se quedaron C1 y M2, y en la canoa viajan M1 y C2 a LI. Allí los esperan C3 y M3.

Cuando llegan, M1 deja a C2 y a C3 de ese lado, pero se trae con él a M3, y se lo lleva a LD. Cuando llega, lo esperan C1 y M2, pero ahora se agrega M3, quien también se queda en LD.

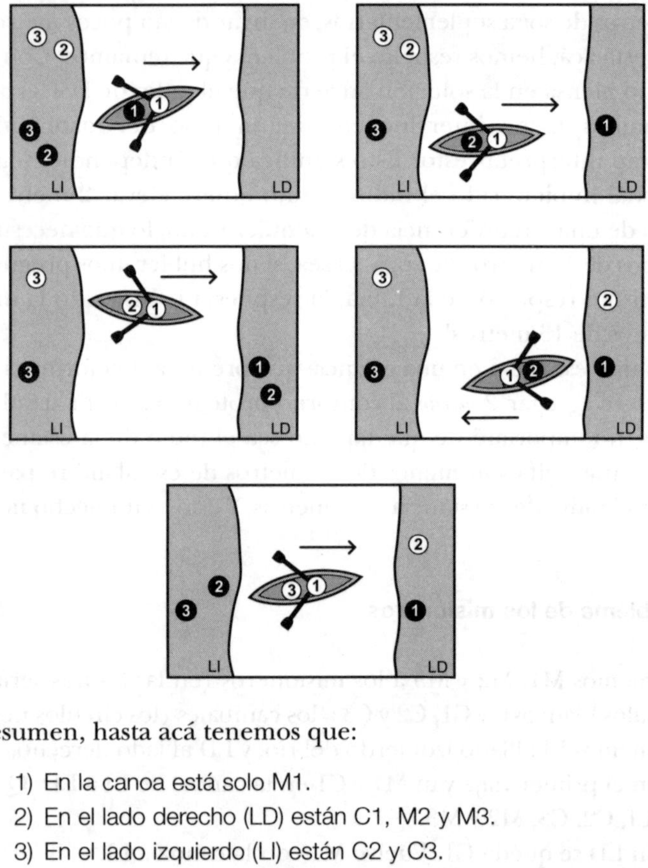

En resumen, hasta acá tenemos que:

1) En la canoa está solo M1.
2) En el lado derecho (LD) están C1, M2 y M3.
3) En el lado izquierdo (LI) están C2 y C3.

Ahora M1 vuelve a LI, y se trae a C2 para LD. Lo deja allí, junto con C1, M2 y M3. Vuelve solo y, por último, se trae a C3, que es el único que se había quedado en LI.

Como se ve, la clave está en que en *uno* de los viajes, cuando del lado derecho hay *2* caníbales y el misionero viaja con otro misionero, lo deja a éste del lado derecho con uno de los caníbales, y se trae al otro con él, el único, salvo el primer misionero, que va a viajar ida y vuelta dos veces. El resto sólo viaja para cambiar de costa una sola vez.

La torre de Hanoi

De acuerdo con lo que vimos para los casos con un pequeño número de discos, uno puede aprovechar esa experiencia para formular una solución general para *n* discos. ¿Está en condiciones de conjeturar una fórmula general para el caso enésimo mirando lo que sucedió en los casos anteriores? Mire bien:

n = 1 P(1) = 1
n = 2 P(2) = 3
n = 3 P(3) = 7
n = 4 P(4) = 15 ...

¿Qué vendrá después? ¿Cuánto valdrá $P(5)$? ¿Y $P(6)$? ¿Y $P(n)$, en general?

Lo propongo pensar lo siguiente: los números 1, 3, 7, 15, ¿le sugieren algo? Si hubiera 5 discos, y reprodujera lo que hizo hasta aquí, uno tendría:

$$P(5) = P(4) + 1 + P(4) \qquad (*)$$

¿Entiende de dónde salió esta última igualdad?

Pensemos juntos: ¿de dónde sale el primer número $P(4)$? Sale del hecho de que, si tenemos 5 discos que queremos mover de *A* hasta *B*, necesitamos "liberar" el de abajo, el de mayor radio. Para lograrlo, tenemos que mover los 4 discos que tiene encima. Pero ¿adónde moverlos? Como vimos, tenemos que llevarlos de *A* hasta *C* para que de esa forma, al liberar el último disco, lo podamos pasar de *A* a *B*. ¿Se da cuenta? Por eso, para contar el mínimo número de pasos necesarios para mover los 4 discos de arriba desde *A* hasta *C*, usamos el número que ya calculamos antes, cuando contábamos sólo con 4 discos. Y este número es $P(4)$.

Ahora, seguir debería ser sencillo. Hay que entender la fórmula (*) como que el primer número $P(4)$ se usó para mover los 4 discos de arriba desde A hasta *C*. El número 1 que sigue es el paso que hace falta para mover el disco más grande desde *A* hasta *B*. Y por último, necesitamos volver a mover los 4 discos que ahora están en *C*, y pasarlos a *B*. Eso involucra, nuevamente, usar lo que sabíamos para 4 discos. Y por eso aparece otra vez el número $P(4)$ en la fórmula (*).Con todo esto que hemos hecho, podemos calcular:

$$P(5) = 2 \cdot P(4) + 1 = 2 \cdot 15 + 1 = 31$$

En resumen:

$$\begin{array}{ll} n = 1 & P(1) = 1 \\ n = 2 & P(2) = 3 \\ n = 3 & P(3) = 7 \\ n = 4 & P(4) = 15 \\ n = 5 & P(5) = 31 \end{array} \qquad (**)$$

También vale la pena escribir estas fórmulas que obtuvimos en el camino:

$$\begin{array}{ll} n = 1 & P(1) = 1 \\ n = 2 & P(2) = 2 \cdot P(1) + 1 \\ n = 3 & P(3) = 2 \cdot P(2) + 1 \\ n = 4 & P(4) = 2 \cdot P(3) + 1 \\ n = 5 & P(5) = 2 \cdot P(4) + 1 \end{array} \qquad (***)$$

Con toda esta información estamos en condiciones de hacer dos conjeturas: de las igualdades que aparecen en (**), uno puede *inferir* los números que seguirían en la sucesión (como si estuviéramos buscando el término general de una sucesión, de la cual conocemos los primeros 5 términos).

Si los primeros términos son 1, 3, 7, 15, 31... Sí, pensó bien... se parecen a las potencias del número 2, menos 1. Es decir, escribamos las potencias del número 2:

2, 4, 8, 16, 32, ...

Si uno le resta 1 a cada número, se tiene:

1, 3, 7, 15, 31, ...

¿Cuáles deberían seguir?

63, 127, 255, 511, ..., $2^n - 1$

Entonces, podemos conjeturar esta fórmula:

$$P(n) = 2^n - 1 \qquad (1)$$

De las igualdades que aparecen en (***) podemos hacer otra conjetura, que se *infiere* más rápidamente que la anterior:

$$P(n) = 2 \cdot P(n - 1) + 1 \qquad (2)$$

Probar la fórmula (2) es casi inmediato: basta releer lo que escribimos más arriba para transportar los 5 discos desde *A* hasta *B*. Si uno aplica exactamente la misma idea, y reproduce el párrafo que le dedicó al caso $n = 5$, se obtiene la fórmula (2). ¿Se anima a hacerlo? (Si necesita ayuda piense que, si tiene n discos, la única manera de pasar el último desde *A* hasta *B* es que los otros $(n-1)$ estén en *C*. Y para eso necesita como mínimo $P(n-1)$

pasos. A partir de aquí, el razonamiento debe resultarle inmediato.)

Apéndice

Para los que estén interesados en saber cómo se puede probar la fórmula (1) y conocen el principio de inducción completa, aquí va la demostración.

Podemos probar la fórmula (1) por inducción.[64]

Para $n = 1$, la fórmula es cierta, porque $2^1 - 1 = 1$, y ya sabemos que $P(1) = 1$.

Supongamos que la fórmula (1) es cierta para $n = k$, y queremos probarla para $n = k + 1$. O sea, sabemos que:

$$P(k) = 2^k - 1$$

Y queremos probar que:

$$P(k + 1) = 2^{k+1} - 1$$

Si uno tiene (k + 1) discos, entonces ya sabe por la fórmula (2) que:

$$P(k + 1) = 2 \cdot P(k) + 1$$

Ahora, usamos el paso inductivo:

$$P(k + 1) = 2 \cdot P(k) + 1 = 2 \cdot (2^k - 1) + 1$$
$$= 2^{k+1} - 2 + 1 = 2^{k+1} - 1$$

que es lo que queríamos demostrar.

64 Si usted no escuchó hablar de *pruebas por inducción* no se preocupe. Es una herramienta que se puede aprender con un poco de entrenamiento. Si bien escapa al objetivo de este libro, puede encontrarla en cualquier libro que cubra los primeros planteos del álgebra.

400 kilómetros en 4 horas. ¿Hay alguna hora privilegiada?

Sólo para fijar las ideas, supongamos que el auto salió a la 1 del mediodía de un día cualquiera y llegó a destino (400 kilómetros más adelante) a las 5 de la tarde.

Primera posibilidad (remota, pero posibilidad al fin): el auto avanzó en forma constante a 100 kilómetros por hora. Es muy difícil que esto haya pasado, pero no podemos descartarlo totalmente. Si así fue, entonces, cualquiera sea el segmento de 1 hora que uno elija, el auto recorrió 100 kilómetros. Es decir, si medimos el camino que cubrió desde la 1:30 hasta las 2:30, tuvo que haber recorrido 100 kilómetros (ya que el auto va *siempre* a 100 kilómetros por hora). Lo mismo si medimos los kilómetros que cubrió desde la 1:17 hasta las 2:17. O desde las 2:43 hasta las 3:43.

Luego, en este caso muy particular, el resultado es obvio.

Ahora, analicemos la segunda posibilidad: el caso en que lo único que sabemos es que el auto recorrió los 400 kilómetros en 4 horas, aunque no sabemos a qué velocidad avanzó en cada tramo. Le pido que me acompañe en este razonamiento, para lo cual necesito ponerle un nombre al kilometraje que recorre el auto. No se asuste con las letras. Es como si estuviera poniendo etiquetas.

Por ejemplo, voy a llamar $K(1{:}15)$ a los kilómetros que recorrió el auto desde la 1:15 hasta las 2:15. De la misma manera, llamo $K(2{:}20)$ a los kilómetros que recorrió el auto desde las 2:20 hasta las 3:20. Último ejemplo: $K(3{:}00)$, que son los kilómetros que recorrió el auto desde las 3 hasta las 4 de la tarde.

Por lo tanto, cada vez que escriba $K(t)$, estaré indicando los kilómetros que recorrió el auto desde la hora t hasta la hora $t + 1$.

¿Se entiende? Por ejemplo, si uno suma:

$$K(1{:}00) + K(2{:}00) + K(3{:}00) + K(4{:}00)$$

este resultado tiene que ser 400 kilómetros. Es que, al sumar los kilómetros que fue recorriendo en cada hora, desde la 1 hasta las 2 de la tarde, luego desde las 2 hasta las 3, desde las 3 hasta las 4, y por último, desde las 4 hasta las 5, el resultado final tiene que ser 400 kilómetros.

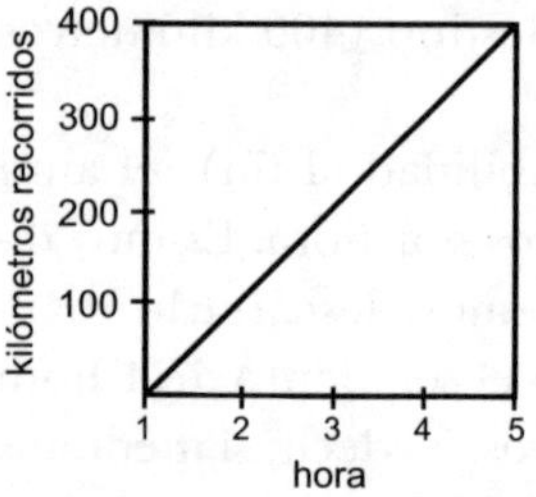

Figura 1: Corresponde al caso en que el auto va constantemente a 100 kilómetros por hora. En este caso K(1) = 100, K(2) = 100, K(3) = 100 y K(4) = 100. En realidad, para cualquier número *t* que sea mayor o igual que 1 y menor o igual que 4, se observa que K(t) = 100, ya que la velocidad del auto es siempre 100 kilómetros.

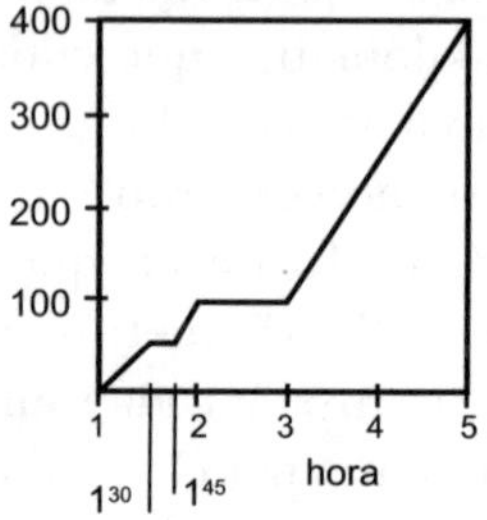

Figura 2: Corresponde al caso en que el auto salió a 100 kilómetros por hora y mantiene esa velocidad durante la primera media hora. Por lo tanto, recorrió 50 kilómetros. Se detuvo durante 15 minutos desde la 1:30 (la 1 y media) hasta la 1:45. Es decir, se queda inmóvil a los 50 kilómetros de la partida. Luego (como se ve en el dibujo), en los 15 minutos que van desde la 1:45 hasta las 2 de la tarde, recorre 50 kilómetros. Es decir, allí tiene que ir a 200 kilómetros por hora. (¿Entiende por qué? Es que para recorrer 50 kilómetros en 15 minutos, hay que ir, en promedio, a 200 kilómetros por hora. Lo invito a que haga la cuenta: si en una hora recorre 200 kilómetros, en media hora, la mitad del tiempo, o sea 30 minutos, recorre 100... y por lo tanto, en 15 minutos recorre la mitad de los kilómetros, o sea 50.) Luego, el auto se detiene durante una hora (de 2 a 3 de la tarde) y reanuda su marcha hasta cubrir en las 2 horas que le quedan (de 3 a 5) los 300 kilómetros que le faltan. Por lo tanto, viajó en este período de dos horas a 150 kilómetros por hora. En este caso, entonces, K(1) = 100, K(2) = 0 (ya que el auto estuvo quieto en la hora que va desde las 2 hasta las 3 de la tarde), K(3)= 150, K(4) = 150. Lo invito a que usted haga sus propios ejemplos y evalúe K(t) para distintos valores de *t* que usted mismo se imponga.

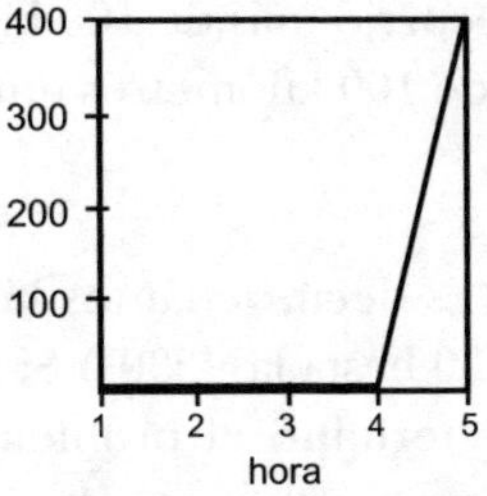

Figura 3: Aquí el auto estuvo quieto desde la 1 hasta las 4 de la tarde (o sea, las primeras 3 horas no recorrió nada). Pero, en la última hora, de las 4 a las 5, tuvo que recorrer los 400 kilómetros para llegar a destino. Luego, la velocidad (promedio) entre 4 y 5 de la tarde fue de 400 kilómetros por hora. En este caso, K(1) = 0 (ya que el auto estuvo quieto la primera hora), K(2) = 0, K(3) = 0, pero K(4) = 400. Lo invito a que calcule K(3:30) y K(3:15). Yo escribo las respuestas acá, pero intente pensar usted antes de leerlas. Acá van. K(3:30) = 200, porque entre las 3 y media y las 4 el auto no recorrió nada, pero en la primera media hora que va desde las 4 hasta las 4:30 tuvo que haber recorrido la mitad del trayecto, que era de 400 kilómetros. Por eso, en esa media hora fue a 200 kilómetros por hora. Y es interesante descubrir que K(3:15) = 100, porque entre las 3:15 y las 4 el auto estuvo quieto pero, como de 4 a 5 fue a 400 kilómetros por hora (como ya vimos antes), eso significa que en 15 minutos tuvo que recorrer 100 kilómetros.

Le pido que no avance si no entendió lo que escribí más arriba, no tanto por la importancia que tenga esta forma de etiquetar, sino porque necesito que me siga en lo que voy a escribir ahora.

Ahora acompáñeme con esta pregunta. ¿Puede suceder que tanto *K*(1:00), como *K*(2:00), como *K*(3:00) y *K* (4:00), sean todos mayores que 100 kilómetros? La respuesta es *no.* Porque si todos fueran mayores que 100 kilómetros, entonces, la suma de los cuatro daría más que 400.

Luego, alguno de ellos tiene que ser menor o igual que 100. A los efectos de la argumentación (no importa cuál de ellos), voy a suponer entonces que:

K(1:00) > 100 y (*)
K(3:00) < 100

Entonces, esto quiere decir que el auto recorrió más de 100 kilómetros desde la 1 hasta las 2, pero menos de 100 kilómetros entre las 3 y las 4.

Ahora, pregunto: ¿cuánto será *K*(1:30)? (Es decir, ¿cuántos kilómetros habrá recorrido el auto desde la 1:30 hasta las 2:30?) Si resulta ser exactamente 100 kilómetros, se terminó el problema, porque eso era lo que queríamos encontrar: un trayecto de una hora exactamente, en que el auto hubiera recorrido 100 kilómetros. Pero podría ser que *K*(1:30) no sea igual a 100. Podría ser mayor o menor que 100. Si es mayor que 100, entonces tenemos:

K(1:30) > 100 y (**)
K(3:00) < 100

Lo que estoy tratando de hacer es acercarme a las 3 de la tarde. Por ejemplo, ¿qué pasará con *K*(1.45)? Una vez más, puede ser mayor o menor que 100. Si sigue siendo mayor que 100, entonces, ahora se tiene:

K(1:45) > 100 y (***)
K(3:00) < 100

¿Y si vamos por otro lado? Es decir, si calculamos *K*(2.30)? Lo mismo que recién: puede ser mayor o menor que 100. Supongamos, entonces, que fuera menor que 100. Tendríamos:

K(1:45) > 100 y (****)
K(2:30) < 100

Así puedo seguir… digo, seguir calculando, pero creo que usted ya advierte lo que va a pasar. Si me acerco por "la izquierda", es decir, por tramos que empiecen antes de las 2:30 de la tarde, voy a encontrar valores mayores que 100.

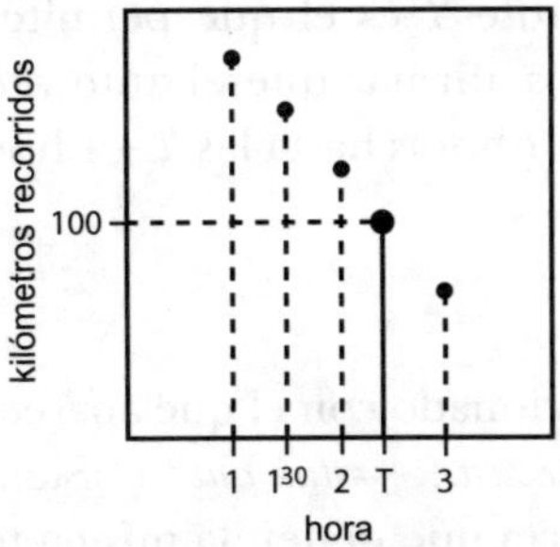

Si me acerco por la derecha, encuentro valores que son menores que 100.

Y ahora, la pregunta final (que sugiero que usted también se haga): si por un lado me acerco por valores que son mayores que 100, y por otro, por valores que son menores que 100… ¡tiene que haber un momento en que ese valor que estoy calculando *sea exactamente* 100!

Eso tiene que ser así, porque los kilómetros que recorre el auto en cada hora cambian continuamente. Y ésta es la palabra clave: la continuidad. En algún lugar se tiene que producir el cambio, cuando el auto pasa de valores mayores que 100 a valores menores que 100, pero como este cambio no puede ser dado a través de un salto, tiene que haber un determinado momento, que voy a llamar T, en que $K(T) = 100$. O sea, tiene que haber un instante T en que el tramo que recorre el auto desde el instante T hasta el instante $T + 1$ sea exactamente 100.

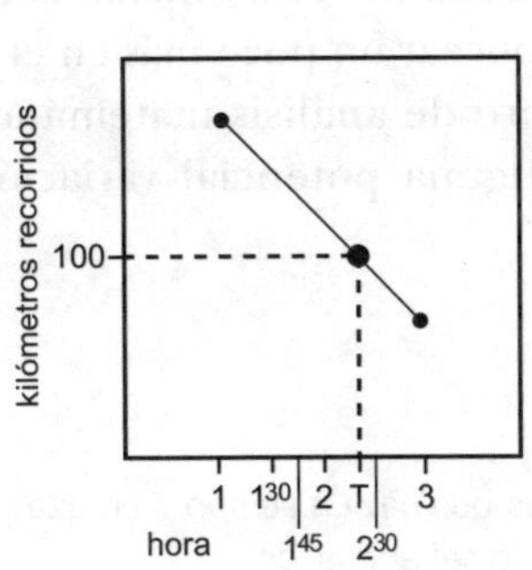

Y justamente, ese instante T es el que permite resolver el problema. Ahora, podemos afirmar que el auto recorre *exactamente 100 kilómetros*, desde las T horas hasta las $T + 1$ horas, que es lo que queríamos probar.[65]

Reflexión

Este problema está relacionado con el que apareció en el Episodio 3,1415926... de *Matemática... ¿estás ahí?* ("¿Siempre hay puntos "antipodales" en la Tierra que tienen la misma temperatura?", p. 45). La solución de ambos utiliza las mismas herramientas y la misma idea. Lo invito a que –cuando tenga tiempo– los lea uno después de otro y trate de descubrir la lógica que subyace a cada uno de ellos. Luego, podrá disfrutar de haber "entendido" cómo *encarar y resolver* problemas de este tipo.

Moraleja final

Este problema exhibe la potencia de un teorema muy importante de la matemática, que se conoce con el nombre de Teorema de Bolzano, del valor intermedio para funciones continuas.

Por ejemplo, aplicado al caso de la temperatura, si a las 3 de la tarde la temperatura en un determinado lugar fue de 20 grados, y a las 4 fue de 15, tiene que haber habido un momento, entre las 3 y las 4 de la tarde, en que la temperatura haya sido de 17 grados. La temperatura no puede saltar de 20 a 15 grados sin haber pasado por todas las temperaturas intermedias. Y esto sucede, justamente, porque la temperatura es una función continua.

Si está interesado en bucear un poco más en el teorema, puede buscar en cualquier libro de análisis matemático o de cálculo. Allí encontrará (con alguna potencial variación) el siguiente enunciado:

65 Este método prueba que *hay un tiempo T* en que $K(T) = 100$, pero no permite *encontrarlo* o *saber cuál es.*

Si uno tiene una función real continua de un intervalo $[a, b]$, de manera tal que $f(a) = K$, y $f(b) = L$ (con $K < L$, por ejemplo), entonces, dado cualquier número real X, $K < X < L$, tiene que haber un número real c, $a < c < b$, tal que $f(c) = X$.

Más sobre sombreros

Vamos a suponer que van a contestar en este orden: primero *A*, luego *B* y después *C*:

a) Cada uno ve el color de sombrero que tienen los otros dos, pero no el propio.
b) Cada uno escucha lo que dice cualquiera de los otros.

Más aún: cada uno toma su decisión sobre qué decir de acuerdo con lo que ve, pero también con lo que escucha. La estrategia entonces es la siguiente:

1) *A* mira los sombreros que tienen *B* y *C*.
2) Si ve que *los otros dos* (*B* y *C*) tienen sombreros *negros*, dice que él tiene un sombrero *blanco*.
3) Si ve que *B* y *C* tienen colores distintos, o ambos tienen sombreros blancos, *pasa*.

Y ahí termina todo. Ahora, antes de seguir, le propongo que piense *por qué* esta estrategia es *mejor* que la que publiqué en el Episodio 1, que resultaba acertada en un 75% de los casos. ¿Y ahora? ¿Qué porcentaje de aciertos habrá?

Solución: Hay 8 posibles distribuciones de sombreros.

A	B	C	(*)
1) Blanco	Blanco	Blanco	
2) Blanco	Blanco	Negro	
3) Blanco	Negro	Blanco	
4) Blanco	Negro	Negro	
5) Negro	Blanco	Blanco	
6) Negro	Blanco	Negro	
7) Negro	Negro	Blanco	
8) Negro	Negro	Negro	

Veamos lo que sucede ante cada posibilidad si uno sigue la estrategia que figura más arriba. Analicemos caso por caso.

La única alternativa para que *A* no pase es que tanto *B* como *C* tengan sombreros *negros*. En ese caso, *A* dice: "Yo tengo *blanco*". Pero si se fija en la lista (*), hay sólo dos casos donde *B* y *C* tienen, los dos, sombreros *negros*. Son los casos 4 y 8. En el caso 4, *A* dice *blanco* y *acierta*. En el caso 8, *A* dice *blanco*, pero se equivoca. O sea, a acierta en uno solo de estos dos casos.

Ahora, veamos qué sucede en los casos restantes, donde ya sabemos que *A pasó*.

En el caso 1, *A* ve que *B* y *C* tienen sombreros *blancos* y, por lo tanto, *pasa*. *B* ve que *C* tiene un sombrero *blanco* y, por lo tanto, no tiene suficiente información... y por eso *pasa*. Pero cuando le toca el turno a *C*, ahora *C sabe* que tiene *blanco* y lo dice. Y acierta, pero ¿por qué?

Es que *C* piensa: "Si yo tuviera sombrero negro, entonces *B* lo vería, pero como sabe que *A* pasó, entonces sabría (*B*) que él *no tiene* un sombrero negro también. Si no, *A no hubiera pasado*. Entonces, *B no dijo nada* porque él (*B*) está viendo que yo (*C*) no tengo un sombrero negro".

Moraleja: *A* pasa, *B* pasa y *C* dice: "Yo tengo un sombrero *blanco*". Y es la respuesta correcta.

En el caso 2, *B sabe* que *A* pasó y, por lo tanto, sabe que: o bien él (*B*), o bien *C*, no tienen un sombrero negro. Pero como *B ve* que *C* tiene un sombrero negro, entonces él *sabe* que no puede tener negro también. Por lo tanto, dice "Blanco", ¡y acierta! Por supuesto, cuando le toca el turno a *C*, él pasa. Como *A* pasó también, el único que dijo que color de sombrero tenía fue *B*, y lo dijo correctamente.

En el caso 3, *B* sabe que *A* pasó, y ve que *C* tiene un sombrero blanco. Él no puede decir nada, porque con los datos que tiene no *sabe* de qué color es su sombrero. Entonces, *B* pasa también. Ahora le toca decidir a *C*. Pero *C ve* que *B* tiene un sombrero negro. Si *A hubiera visto* que *C* tenía un sombrero negro también, entonces no hubiera pasado (recuerde que *A* decía "Blanco" si veía que tanto *B* como *C* tenían sombreros negros). Luego, como *A* pasó y *ve* que *B* tiene un sombrero de color negro, entonces *C* dice: "Tengo un sombrero blanco". ¡Y acierta también!

El caso 5 es como el caso 1, porque *A* pasa (ya que *B* y *C no tienen, los dos, sombreros negros*). Cuando le toca el turno a *B*, también pasa porque no le alcanza la información. Pero *C* tiene muchos datos… Tantos, que puede decir: "Yo tengo blanco", y ganar, como en el caso 1. Es que *C* piensa (como escribí más arriba): "Si yo tuviera sombrero negro, *B* lo hubiera sabido. Pero como *A* pasó, eso significa que *B* y yo (*C*) no tenemos sombreros negros. Entonces, como *B* no dijo nada, es porque yo (*C*) no tengo sombrero negro. Luego, tengo un sombrero blanco". Lo dice, y acierta también.

Este caso es muy importante, porque se usan todos los datos: que *A* pasó, que *B* no dijo nada, y con esa indicación *C* sabe que él *no puede* tener un sombrero negro.

En el caso 6, *A* pasó. *B* ve que *C* tiene color negro, pero, como *A* pasó, eso le indica que él (*B*) no tiene negro (si no, *A* no hubiera pasado). Luego, *B* dice: "Tengo un sombrero blanco", y se terminó.

En el caso 7, *A* pasa otra vez. *B* ve que *C* tiene sombrero blanco y no le alcanza la información. Finalmente, *C*, como ve que *B* tiene sombrero negro, sabe que él (*C*) no puede tener negro, si no *A* no hubiera pasado. Luego, *C* dice (y acierta): "Yo tengo un sombrero blanco".

> **Moraleja:** En todos los casos, salvo en el número 8, el problema se resuelve correctamente. Como son 7 casos sobre 8 posibles, eso indica que el porcentaje de aciertos es... 7/8 de las veces. O sea, 87,5%. Claro, esto es mejor que el 75% que yo obtenía en el Episodio 1 de *Matemática... ¿estás ahí?*, pero, en realidad, lo que hemos resuelto es *otro problema*. Y esto demuestra que el 50% original y el 75% posterior ¡se podían mejorar! Claro que, al poder *escuchar* lo que van diciendo los otros, terminaron cambiando el problema original.

Esto que acabamos de hacer con los sombreros también es *hacer matemática*. Pensar estrategias y elaborar conjeturas basadas en lo que se sabe significa plantearse y resolver problemas de lógica. Y, en todo caso, *enseña a pensar*.

Cuatro cachorros y la revista *Parade*

En principio, uno tiene la tentación de decir que lo más probable es que nazcan 2 de cada uno (de los sexos). Sin embargo, acompáñeme en esta observación.

¿Cuáles son *todas* las alternativas en las que la perra parió a sus crías? Voy a usar la letra M para macho y la H para hembra. Entonces, todas las posibles distribuciones son (teniendo en cuenta "el orden de aparición"):

1) M - M - M - M
2) M - M - M - H
3) M - M - H - M
4) M - M - H - H
5) M - H - M - M
6) M - H - M - H
7) M - H - H - M
8) M - H - H - H
9) H - M - M - M
10) H - M - M - H
11) H - M - H - M
12) H - M - H - H
13) H - H - M - M
14) H - H - M - H
15) H - H - H - M
16) H - H - H - H

Y no hay más. Ahora, cuente conmigo. ¿Cuántas combinaciones posibles de 2 y 2 hay? Son las que aparecen con los números

4, 6, 7, 10, 11, 13

En total suman 6.

Por otro lado, las que ofrecen 3 de un sexo y 1 del otro, son las que tienen los números:

2, 3, 5, 8, 9, 12, 14 y 15

O sea, éstas suman 8.

(Las dos restantes, como era esperable, corresponden a los casos en que nacieron 4 machos o 4 hembras).

Pero lo importante es notar que, para calcular la *probabilidad* de que nazcan 2 y 2, hay *6 casos* sobre 16 posibles:

6/16 = 3/8 = 0,375

En cambio, la probabilidad de que nazcan 3 de un sexo y 1 del otro son *8* sobre 16 posibles:

8/16 = 1/2 = 0,5

Moraleja: Aunque parezca que atenta contra la intuición, la probabilidad de que haya 3 cachorros de un sexo y 1 del otro es bastante mayor que cualquiera de las otras dos alternativas.
Esto generó una gran discusión que, obviamente, significó que los editores de la revista *Parade* decidieran que esa columna no faltara en ninguna de las ediciones dominicales.

Tres puntos con el mismo color

La solución requiere pensar el problema en varias etapas, y hacer algunos dibujos. ¿Hizo algunos usted? ¿Se peleó con el problema antes de leer la solución? ¿Se frustró en el intento? Le hago estas preguntas porque, por supuesto, siempre es más cómodo leer lo que pensó otro, pero ¿dónde está la gracia en leer lo que sigue? ¿En saber que *alguien* lo pudo resolver? O quizás, una vez que uno leyó la solución de otro, se pone a pensar: "Eso a mí se me habría ocurrido. Sólo habría tenido que dedicarle tiempo". O peor aún: "No, eso no se me habría ocurrido nunca". Pero ¿ cómo puede estar seguro de que no se le habría ocurrido nunca si no dedicó suficiente tiempo para pensarlo? ¿Cuánto sabe usted de sus propias potencialidades si nunca bucea en ellas?

En fin. Acá va la solución. No, mejor dicho, acá va *una* solución. La de Pedraza (o la mía). Ojalá usted haya encontrado otras. Más aún: ojalá haya encontrado una más fácil, más elegante, más sencilla.

Primero, elegimos tres puntos cualesquiera que estén a la misma distancia, como se ve en la figura 1.

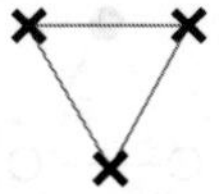

Figura 1

Si los tres puntos ya están pintados del mismo color, se terminó el problema. Supongamos que no. Tiene que haber entonces 2 de un color y 1 del otro. Para fijar las ideas, supongamos que hay 2 blancos y 1 negro.

Figura 2

En este caso, uno se fija en el punto simétrico al que figura en *negro,* pero mirando hacia arriba, como se ve en la figura 3. Lo marco con una *X* porque todavía no sabemos de qué color es.

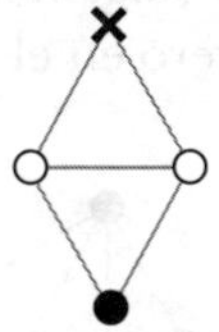

Figura 3

Hay dos alternativas. Si este punto (el simétrico) es de color *blanco*, se termina el problema, porque ahora hay un triángulo equilátero formado por los 3 blancos, con un vértice "arriba" (figura 4).

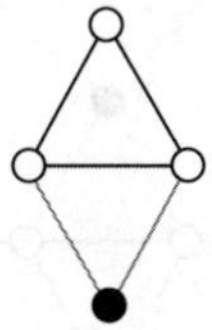

Figura 4

En cambio, podría ser que el punto *X* estuviera pintado de negro. En ese caso, se tiene este dibujo (figura 5):

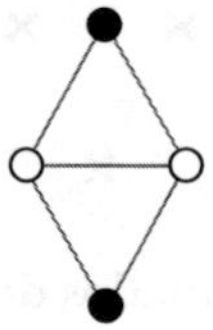

Figura 5

¿Qué hacer ahora? "Miro" los colores de los 2 puntos nuevos que aparecen en la figura 6.

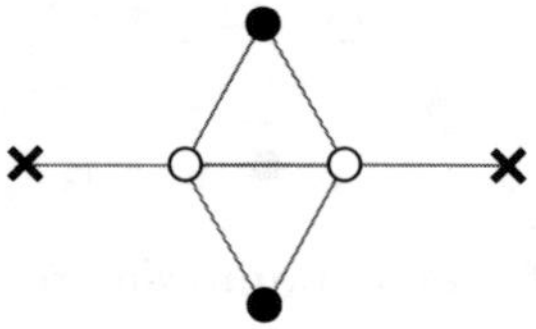

Figura 6

Estos nuevos puntos *tienen* que ser *blancos* también, porque, si alguno de los dos fuera negro (digamos el de la extrema derecha), se tiene un triángulo equilátero en el que los vértices son los 3 negros (figura 7).

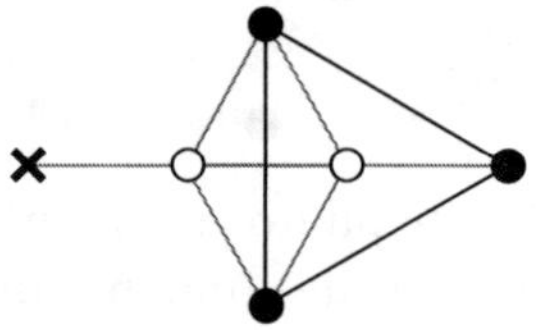

Figura 7

Entonces, los *2* tienen que ser *blancos*, como indica la figura 8.

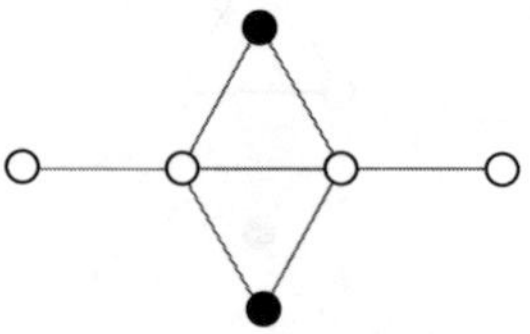

Figura 8

Finalmente, considero 2 puntos más (figura 9)

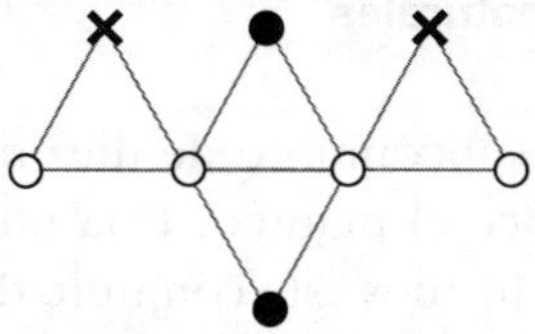

Figura 9

Si alguno de los 2 puntos nuevos estuviera pintado de blanco, se termina el problema, como se ve en la figura 10.

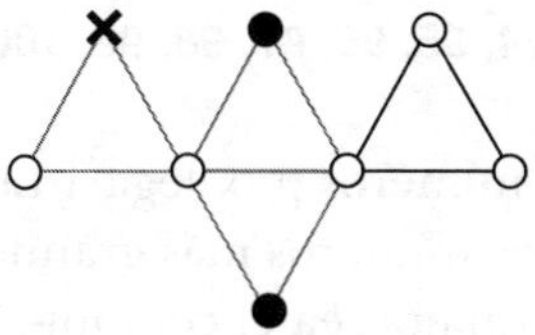

Figura 10

Si, en cambio, *ninguno* de los 2 puntos nuevos estuviera pintado de blanco, significa que los 2 están pintados de negro (como en la figura 11).

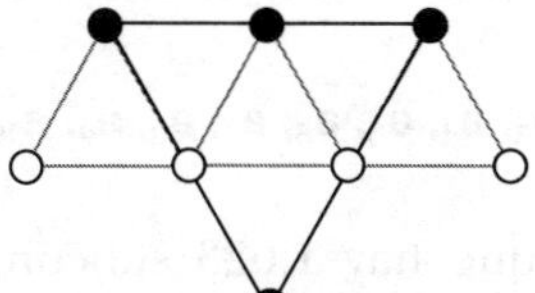

Figura 11

Pero, entonces, la figura 11 también muestra el nuevo triángulo equilátero que queda formado, donde los tres vértices aparecen pintados de negro. ¡Y eso resuelve el problema!

Pregunta que me sugirió Carlos D'Andrea y que quedará pendiente para contestar en un *próximo* episodio: ¿qué pasaría si los puntos del plano estuvieran pintados de *tres* colores en lugar de dos? ¿Será posible encontrar un triángulo equilátero, como vimos recién, o ya no se podrá?

Sumas de números naturales

Tomemos cualquier subconjunto de diez números entre los primeros cien, como dice el planteo. Una observación: cualquiera sea la forma en que elijamos este conjunto de diez números, ¿cuál podría ser la mayor de las posibles sumas que vamos a obtener?

Es decir, en el peor de los casos, si hubiéramos elegido los números

{91, 92, 93, 94, 95, 96, 97, 98, 99, 100}

la suma de estos diez números ¡no llega a 1.000!

Y como éstos son los números más grandes que se pueden elegir, significa que cualquiera sea el conjunto de diez números que elijamos entre los primeros cien naturales, las sumas siempre van a ser menores que 1.000.

Éste es un dato no menor, y se verá inmediatamente la importancia que adquiere.

Llamemos *A* al conjunto de diez números que hemos elegido:

$$A = \{a_1, a_2, a_3, a_4, a_5, a_6, a_7, a_8, a_9, a_{10}\}$$

Luego, ya sabemos que hay 1.023 subconjuntos que podemos construir.[66]

—Claramente, como hemos visto recién que esas sumas no pueden superar el número 1.000, entonces, esos 1.023 números –no pueden ser todos distintos–, *¡tienen que repetirse!* (Acá le sugiero que lea "El problema del palomar o *pigeon hole*", en el Episodio 1 de *Matemática… ¿estás ahí?*, páginas 134-135.)

66 En el Episodio 2 de *Matemática.. ¿estás ahí?* (página 94) explicamos que, como uno tiene 10 números, *la cantidad de* subconjuntos posibles se calcula así:

$$2^{10} - 1 = 1023$$

Moraleja: Hay dos subconjuntos (por lo menos) que uno puede construir con los números de A, de manera tal que, al sumar los elementos de cada uno de ellos, den lo mismo a pesar de ser distintos conjuntos. Si esos dos conjuntos, que suman lo mismo, tienen elementos en común (o sea, números que aparecen en los dos), los sacamos, y nos quedamos con los otros. Como la suma de ambos daba lo mismo, al sacar los repetidos no se altera la igualdad. Y listo.
Esto termina de resolver el problema. Eso sí: esta solución demuestra que estos dos subconjuntos tienen que existir, pero no los encuentra ni dice cómo hacerlo. Tampoco dice si estos dos subconjuntos son los únicos que resuelven el problema (de hecho, nosotros ya sabemos que puede haber más de una solución, como vimos en el ejemplo de los diez primeros números naturales que describimos más arriba). De todas formas, si a uno le interesa encontrarlos, sabe que el intento vale la pena, porque existir, existen.

Una matriz de 5 x 5

Creo que hay varias maneras de explicarse por qué pasa lo que pasa. Le voy a sugerir una cualquiera, que es la que más me gustó, o la que se me ocurrió. Acá va.

Voy a redibujar el cuadrado original, pero en lugar de escribir los números como en la figura 1, lo hago de esta forma:

1	1+1	1+2	1+3	1+4
6	6+1	6+2	6+3	6+4
11	11+1	11+2	11+3	11+4
16	16+1	16+2	16+3	16+4
21	21+1	21+2	21+3	21+4

Figura 7

Ahora mire junto conmigo la figura 7. Uno sabe que va a elegir un número por fila y por columna.

Fíjese que, los elija como los elija, siempre aparecerán:

un 1, un 6, un 11, un 16 y un 21 (*)

Y además, uno solo de cada uno de ellos. Pero, como también se advierte, al elegir uno de cada columna, van a aparecer

un 1, un 2, un 3 y un 4 (**)

que van a acompañar al 1, 6, 11, 16 y 21.

Si ahora uno suma los números que están en (*), resulta:

$$1 + 6 + 11 + 16 + 21 = 55$$

Y por otro lado, si uno suma los números que están en (**), resulta:

$$1 + 2 + 3 + 4 = 10$$

Conclusión: Al sumar los cinco números que uno elige, inexorablemente resulta 55 + 10 = 65, como queríamos comprobar.

Otra solución

En este caso no voy a repetir todos los pasos, pero quiero mostrar la idea que conduce a la solución. Piense conmigo lo siguiente. Cuando uno terminó de elegir los cinco números, sabe que tiene uno por fila y uno por columna. Por ejemplo, el que elegí en la figura 6:

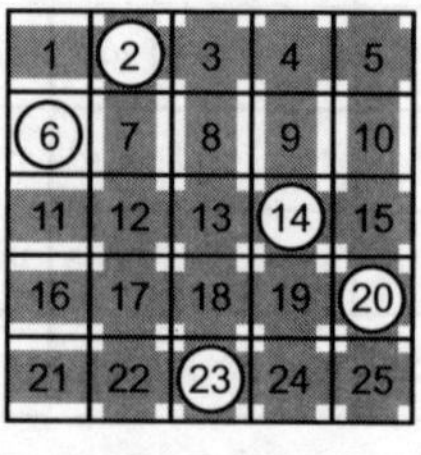

Una vez que uno tiene los cinco números, ¿se anima a cambiar las columnas de lugar hasta que los cinco que eligió (2, 6, 14, 20 y 23) queden en la diagonal? Piénselo por un momento. Si no, acá abajo figura la forma de hacerlo.

Para empezar, como quiero que el número 2 quede en el primer lugar en la diagonal, permuto las dos primeras columnas. Se tiene:

2	1	3	4	5
7	**6**	8	9	10
12	11	13	**14**	15
17	16	18	19	**20**
22	21	**23**	24	25

Ahora, cambio de lugar la tercera con la cuarta (para poner el número 14 en el tercer lugar de la diagonal). Ahora, el cuadrado resulta así:

2	1	4	3	5
7	**6**	9	8	10
12	11	**14**	13	15
17	16	19	18	**20**
22	21	24	**23**	25

Por último, falta permutar las dos últimas columnas para ubicar el 20 en el cuarto lugar y el 23 en el último.

2	1	4	5	3
7	**6**	9	10	8
12	11	**14**	15	13
17	16	19	**20**	18
22	21	24	25	**23**

Como ve, "reordenando" las columnas, pude ubicar los cinco números originales en la diagonal. Ahora, falta sólo una parte.

Si uno suma los números que figuran en la diagonal del cuadrado original (1 + 7 + 13 + 19 + 25) obtiene el número 65. Lo que falta probar es que, cuando uno cambia dos columnas de lugar, y suma los números que quedan en la nueva diagonal, el resultado ¡sigue siendo 65! Y eso se puede comprobar mirando la figura 7.

Cuando uno permuta dos columnas (y hágalo usted, para convencerse), los números de la diagonal cambian, pero la suma permanece constante. Es decir, sigue siendo 65.

1	1+1	1+2	1+3	1+4
6	6+1	6+2	6+3	6+4
11	11+1	11+2	11+3	11+4
16	16+1	16+2	16+3	16+4
21	21+1	21+2	21+3	21+4

1+2	1+1	1	1+3	1+4
6+2	6+1	6	6+3	6+4
11+2	11+1	11	11+3	11+4
16+2	16+1	16	16+3	16+4
21+2	21+1	21	21+3	21+4

Es que la diagonal original está compuesta por: 1, 7, 13, 19 y 25, mientras que la segunda diagonal está compuesta por: 3, 7, 11, 19 y 25.

O sea que los dos únicos cambios que se produjeron fueron el 3 (que sustituyó al 1) y el 11 (que sustituyó al 13). Y si se fija, lo que le sobra al 3 con respecto al 1 (3 = 1 + 2), es lo que le falta al 11 si uno lo compara con el 13 (11 = 13 – 2). Luego, la suma de los dos pares da lo mismo:

$$\mathbf{1 + 13 = 3 + 11}$$

Por lo tanto, la suma final vuelve a dar 65.

¿Qué prueba esto? Dice que, cuando uno permuta dos columnas cualesquiera, la suma de los elementos de la diagonal siempre va a dar 65. Y esto terminó de resolver el problema, porque ahora uno sabe que, al elegir cinco números cualesquiera, pero uno por fila y uno por columna, los puede reubicar para que queden formando parte de la diagonal de un cuadrado, que se puede obtener a partir del cuadrado original, sólo permutando las columnas. Y recién acabamos de ver que, cuando uno permuta columnas, *no altera* la suma de los números de la diagonal.

Apuesta sobre las cartas (dos reyes)

Sabemos que las cartas están numeradas. Supongamos, sólo a los efectos de facilitar la explicación, que las que tienen los números 1 y 2 son los *reyes.*

Hagamos una lista de las posibles parejas de cartas que usted puede elegir:

1-2	**2-3**	**3-4**	**4-5**	**5-6**
1-3	**2-4**	**3-5**	**4-6**	
1-4	**2-5**	**3-6**		
1-5	**2-6**			
1-6				

Como ve, en total hay 15 (quince) posibles parejas de cartas para elegir. Ahora, sabiendo que las que son reyes son las número 1 y 2, contemos en cuántas de las 15 posibilidades hay al menos un rey. (Hágalo también usted.)

Las escribo acá abajo:

1-2, 1-3, 1-4, 1-5, 1-6, 2-3, 2-4, 2-5 y 2-6

¡O sea, en 9 de las parejas hay al menos un rey! En cambio, solamente hay 6 que no tienen reyes.

Moraleja: Es mucho más probable que aparezca un rey entre las dos cartas que eligió. La diferencia entre las probabilidades es la siguiente:

a) Probabilidad de que aparezca un rey por lo menos: 9/15 = 3/5 = 0,6 (o sea, en el 60% de los casos).
b) Probabilidad de que *no* aparezca un rey en la pareja que eligió: 6/15 = 2/5 = 0,4 (o sea, en el 40% de los casos).

Lo que enseña este ejemplo es que muchas veces intuimos en forma equivocada.

Suma de dados

Lo curioso de este problema es que, si bien usted tiene 6 posibilidades para ganar y yo 5, en realidad yo tengo muchísimas más chances que usted. No sólo muchísimas más chances, sino que tengo ¡el doble de posibilidades de ganar que usted!

¿Por qué? (¿No le dan ganas de pensar el problema otra vez, ahora que ya leyó el último párrafo?)

Mire la tabla que figura acá abajo, en donde a la izquierda figuran los posibles resultados del dado rojo, en el medio los resultados del dado azul, y a la derecha las sumas posibles.

Rojo	Azul	Suma	Quién gana
1	1	2	Usted
1	2	3	Usted
2	1	3	Usted
1	3	4	Usted
2	2	4	Usted
3	1	4	Usted
1	4	5	Yo
2	3	5	Yo
3	2	5	Yo

Rojo	**Azul**	**Suma**	**Quién gana**
4	1	5	Yo
1	5	6	Yo
2	4	6	Yo
3	3	6	Yo
4	2	6	Yo
5	1	6	Yo
1	6	7	Yo
2	5	7	Yo
3	4	7	Yo
4	3	7	Yo
5	2	7	Yo
6	1	7	Yo
2	6	8	Yo
3	5	8	Yo
4	4	8	Yo
5	3	8	Yo
6	2	8	Yo
3	6	9	Yo
4	5	9	Yo
5	4	9	Yo
6	3	9	Yo
4	6	10	Usted
5	5	10	Usted
6	4	10	Usted
5	6	11	Usted
6	5	11	Usted
6	6	12	Usted

¿Qué enseña esta tabla? Mírela y trate de describir lo que sucede.

Es que, si bien usted tiene en su poder 6 de los posibles resultados (2, 3, 4, 10, 11 y 12), y yo sólo 5 (5, 6, 7, 8 y 9), las chances de que se den mis resultados son favorables en forma abrumadora. Si cuenta la cuarta y la quinta columna, mientras usted tiene *12* formas de ganar, o sea, combinaciones posibles que lo hacen ganar, yo tengo *¡24!* En otras palabras, tengo el doble de chances que usted de ganar.

Más aún: suponiendo que yo le diera el número *5* como posible suma, usted pasaría a tener 16 posibilidades a su favor suyo, mientras que yo aún tendría 20.

Es decir, aunque parezca antiintuitivo porque usted tiene más números que potencialmente lo harían ganar más veces, soy yo el que está favorecido por la *distribución* de los números.

Tablero infectado

Primera aproximación: ¿hará falta que haya una casilla infectada en cada fila y en cada columna para que al final quede *todo* el tablero infectado?

Piense en ese problema primero. Le advierto, por las dudas, que la respuesta es negativa. Es decir, a pesar de que uno sospecha que sí, que hace falta que por lo menos alguna casilla de cada columna y de cada fila estén infectadas, esto no es cierto.

Por ejemplo, observe esta distribución de casillas infectadas:

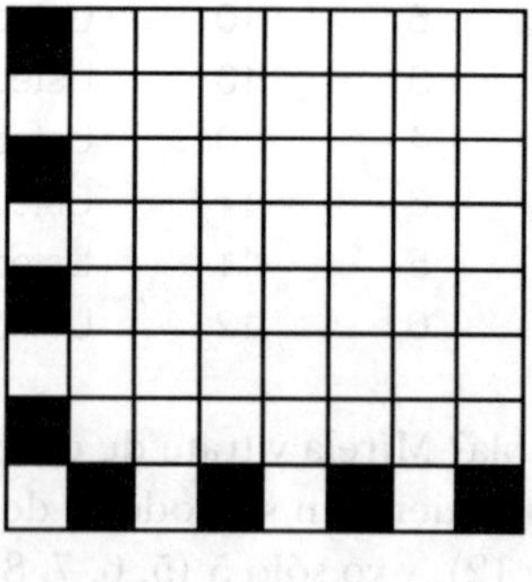

Figura 4

Avance a partir de la figura 4, y va a descubrir que queda *todo* el tablero infectado. Es decir, la primera conjetura *no es cierta.*

Hay muchísimas maneras de empezar con 8 casillas infectadas, de manera tal que al terminar el proceso termine infectando todo el tablero. Póngase cómodo y descubra algunas más de las que aparecen en las figuras 2 y 4.

Ahora, es pertinente la pregunta: ¿se puede empezar con *menos* de *8* infectadas y sin embargo invadir *todo* el tablero? No quiero escribir aún la respuesta. Quiero *deducirlo* junto con usted. Para hacerlo, voy a recurrir a un argumento que usamos mucho los matemáticos y, por eso, me importaría exhibirlo acá. Pero necesito que usted me siga. Si no entiende algo, pare, y vuelva atrás… Créame: no hay nada imposible de entender. Si lo entiendo yo, lo tiene que poder entender usted también. Más aún: el placer de pensar estos problemas reside en *descubrir* tipos de argumentos que no sólo sirvan para este ejemplo particular, sino que puedan aplicarse para resolver otros casos. De eso se trata.

Para empezar, me quiero poner de acuerdo con usted en algunos nombres. Por ejemplo, fíjese en la figura 5 (de más abajo). El área infectada es de 3 casillas, y el perímetro (o sea, si uno suma todos los lados del área infectada) resulta ser 12. No me crea porque lo digo yo: haga la cuenta. Fíjese que si suma los lados de cada uno de los cuadraditos infectados llega a 12. (Es que cada uno de los 3 cuadraditos tiene 4 lados, y como no tienen aristas comunes, el número total resulta ser 12.)

Figura 5

Ahora, avanzo un paso más. De la figura 5 pasamos a la figura 6, en donde aparecen otros casilleros infectados.

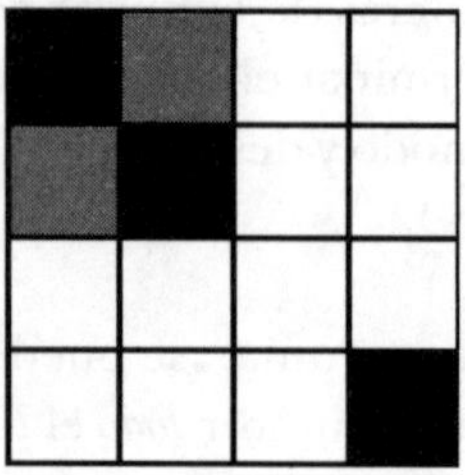

Figura 6

Claramente, el área aumentó: hay más casilleros infectados. Pero, ¿aumentó el perímetro? Haga la cuenta usted solo primero.

Tal como advirtió (si es que se tomó el trabajo de hacerlo), el perímetro *no varió*. Sigue siendo 12.

Pensemos juntos: una casilla, para *infectarse,* tiene que tener 2, 3 o 4 casillas a sus costados que ya estén infectadas. Si tiene 2 casilleros infectados a sus costados, esos 2 lados quedarán absorbidos en el área infectada, pero el perímetro *no aumenta.* Fíjese en las figuras 7 y 8.

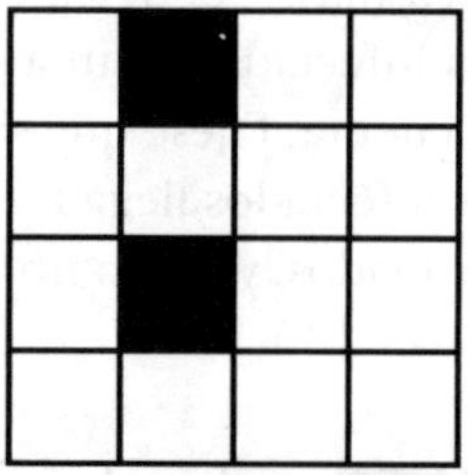

Figura 7

Aquí se ve que hay una casilla que está a punto de infectarse. Los dos lados (el de arriba y el de abajo), que forman parte del perímetro en este momento, van a ser reemplazados por los dos costados (derecho e izquierdo) de la nueva casilla infectada. Es decir, el perímetro, que antes de la infección es de 8, seguirá siendo *8* cuando el proceso haya terminado, como se ve en la figura siguiente. (Le propongo que cuente usted también por las suyas.)

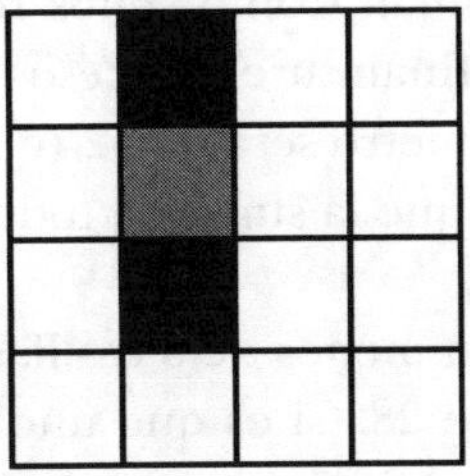

Figura 8

La moraleja es que el área aumentó, ¡pero el perímetro no! Sigue siendo *8*. Si, en cambio, hubiera una casilla con 3 o 4 de sus costados infectados, el perímetro sí cambiaría*: va a reducirse.* (Una vez más, en lugar de leer lo que sigue, inténtelo usted primero.)

Vea este ejemplo de las figuras 9 y 10.

Figura 9

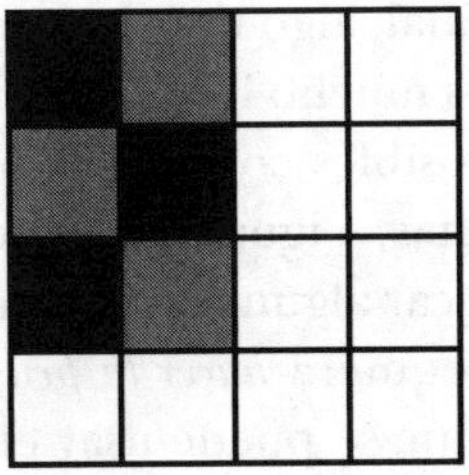

Figura 10

En este caso, en la figura 9, el perímetro es 12, pero al infectar el tablero en la primera casilla, el perímetro se reduce a 10. Es que la casilla de la segunda fila, segunda columna, tiene 3 lados que forman parte del perímetro antes de la infección (figura 9), pero una vez infectada, esos 3 lados quedan absorbidos y sólo se agrega 1 a la nueva área. Se pierden 2 unidades y luego, en lugar de 12, el perímetro se achica a 10.

Por lo tanto, después de estos ejemplos, lo invito a que deduzca conmigo lo siguiente: en cada paso del proceso infeccioso, el perímetro no puede aumentar. A lo sumo, puede que se reduzca, pero ¡no aumenta!

Falta poco para el final. Como vimos recién, el perímetro no puede aumentar, y al finalizar el proceso –cuando *todo* el tablero esté infectado– el perímetro será de 32 (el tablero es de 8 x 8 y, si hace las cuentas, verá que la suma de todos los lados del área infectada resulta ser 32).

Si uno empezara con menos de 8 casillas infectadas, el perímetro, a lo sumo, será de 28 (si es que uno empieza con 7). Pero como se pretende que al final quede todo el tablero infectado, ese perímetro tendrá que ser de 32. ¡Y eso no es posible! La única manera de terminar con 32 es empezar con 8 casillas infectadas... o más. ¡ Nunca con menos!

Y si uno empieza con 8, tiene que tener cuidado de que no tengan lados comunes. Esto prueba lo que queríamos demostrar: ¡hacen falta por lo menos 8 casillas infectadas si uno quiere terminar con *todo* el tablero infectado!

Para el final, algo muy importante. Ése es el tipo de argumento que usamos mucho los matemáticos. Como usted advierte, si bien todas las posibles configuraciones con las que uno puede empezar son finitas... igualmente, son ¡muchísimas! Por lo tanto, vale la pena buscar algún otro tipo de argumento que sea convincente y que no requiera *hacer la prueba con todos los casos*. En este problema, lo que se puede usar entonces es *el perímetro del área infectada*. No bien uno advierte que en el proceso infeccioso ese perímetro ¡no puede aumentar!, ya tiene la batalla ganada, porque, como quiere llegar a tener el tablero completo infectado, necesita que el perímetro termine siendo 32. Por lo tanto, no puede empezar con menos de 32. Y ese argumento lleva a la conclusión de que al principio tiene que haber 8 casillas infectadas, como queríamos demostrar.

Y ahí reside la *belleza de la matemática*. Uno puede apelar a un argumento que en principio no parece tener nada que ver (en este caso, el perímetro del área infectada), pero que termina siendo un factor determinante en la demostración.

Podrá haber otras, pero concédame que la que acabo de presentar acá es verdaderamente *muy bonita*.

Un poco más de matemágica (número de teléfono)

Antes de escribir la explicación de por qué "funciona" el proceso, quiero invitarlo a pensar lo siguiente. Voy a reproducir lo que hay que hacer una vez que uno tiene el número de 8 cifras.

1) Tomar las 4 primeras cifras.
2) Multiplicar ese número por 80.
3) Sumarle 1.
4) Multiplicarlo por 250.
5) Restarle 250.
6) Sumarle las 4 últimas cifras.
7) Sumarle (otra vez) las 4 últimas cifras.
8) Dividirlo por 2.

En principio, hay algo que sólo sirve para *distraer* la atención de quien está haciendo las cuentas. Cuando en el paso 3 uno suma 1, luego lo multiplica por 250 (o sea, ese 1 aporta 250), y luego quita 250, no hizo ni más ni menos que sumar y restar 250. Es decir, uno puede obviar estos dos pasos y nada cambia. Haga la prueba para convencerse.

Ahora, la demostración general. Empiezo con un número de *8 cifras,* al que voy a llamar

AB*

Donde *A* corresponde a los primeros 4 dígitos y *B*, a los segundos.

En el primer ejemplo que escribí más arriba (4129-6070), es así:

AB = 41296070
A = 4129
B = 6070

* AB = 10.000 A + B

En el segundo ejemplo, 4321-1234:

AB = 43211234
A = 4321
B = 1234

Para empezar, entonces, el procedimiento dice: tome el número *A* y multiplíquelo por 80. Tiene ahora:

80A

Luego, súmele 1. Tiene entonces:

(80A + 1)

Ahora, multiplíquelo por 250. Tiene entonces:

(80A + 1) · 250

Y esto es:

20.000A + 250

Inmediatamente después de hacer esto, el paso 4 consiste en ¡restar 250!

Justamente, esto dice que uno primero sumó el 1 para que, al multiplicarlo por 250, obtuviera 250, e inmediatamente después, en el paso siguiente, ¡resta esos 250! Luego, es como si no hubiera hecho nada.

Ahora, ¿no le dan ganas de seguir pensando? Es decir, olvídese del número 1 que hay que sumar, y del número 250 que hay que restar. O sea, olvídese de los pasos 3 a 5 porque no aportan nada a lo que uno está tratando de hacer (salvo que sirven para confundir y distraer al que está haciendo las cuentas). Por eso, *lo importante* de estos primeros pasos es que uno empezó con el número *A* y luego de haberlo multiplicado por 80 primero y luego por 250, tiene 20.000 veces ese número *A*.

Ahora tiene que sumar la segunda parte (los últimos 4 dígitos) del número con el que empezó (que era *AB*). Los últimos 4 dígitos son los que llamamos *B*. Al sumarlo la primera vez, se tiene:

20.000 A + B

Luego, hay que sumar *B* otra vez. Entonces, se tiene:

20.000 A + B + B = 20.000 A + 2B

Como a continuación *hay que dividir por 2*, entonces el número que queda es:

10.000 A + B

Al multiplicar por 10.000 el número *A* (¡hágalo usted!) uno obtiene el número A0000. Es decir, uno reencuentra a *A*, que eran las primeras 4 cifras del número elegido, pero ahora seguido de 4 ceros. Esto es lo que quiero. Porque al sumarle *B*, lo que voy a hacer es *agregarle al final de ese número* las 4 últimas cifras, y obtener entonces…

AB

Moraleja: Esta forma de usar la matemática (o la aritmética en este caso) para hacer un truco de "magia" tiene el encanto de sorprender al interlocutor. Una vez resuelto el problema, es fácil entender por qué funciona.
Pero, claro, cuando uno *hace magia* no trata de descubrir cómo funciona algo… ¿o sí?

Una estrategia (50 monedas en hilera)

Una solución[67]

Lo que le propongo como estrategia es numerar la posición de cada moneda. Es decir, al ver las monedas ordenadas en una fila, uno puede imaginar que en cada *lugar* donde hay una moneda hay también un número (aunque esto no sea cierto). O sea, se tendría una situación como ésta:

1 2 3 4 5 6 7 8 9 10 11 ... ... 47 48 49 50

De esta manera, uno puede suponer que hay una moneda en cada lugar. Lo que uno puede hacer ahora es *sumar todas las monedas* que figuran en las casillas que tienen un número *par*. Es decir, las que están en las casillas

2, 4, 6, 8, 10, 12, ..., 46, 48 y 50

Esto dará un cierto monto, que voy a llamar *A*.

Por otro lado, *suma todas las monedas* que figuran en las casillas que tienen un número *impar*. Es decir, las que están en las casillas

1, 3, 5, 7, 9, 11, 13 ... 45, 47, 49

Esto también tiene que dar una cierta suma, que voy a llamar *B*. Lo que hago ahora es comparar los números *A* y *B*.

Supongamos que *A* fuera mayor (o igual) que *B*. Entonces, esto indica que tengo que empezar eligiendo las monedas que están en las casillas pares. En este caso, debería empezar con la que figura en el casillero 50.

67 Esta estrategia sirve en particular para *no tener* que revisarla en medio del proceso. Es decir, estoy seguro de que se pueden diseñar otras, pero lo invito a pensar si en el medio tuvo –o tiene– que *evaluar* lo que ha ido sucediendo.

A mi oponente no le queda más remedio que elegir una moneda que esté en una casilla *impar*, ya que las dos puntas de donde él tiene que elegir son 1 y 49. No bien opte por una de ellas, quedará abierta una nueva posibilidad para mí de elegir una moneda en una casilla par. Y así siguiendo. De esta forma, al terminar el proceso, me quedaré con *todas las monedas* que estaban en las casillas pares, y él, con todas las *impares*. ¡Que es lo que yo quería!

Si el proceso hubiera sido al revés (es decir, si una vez sumadas las monedas en las pares y las impares, el número *B* hubiera sido mayor que *A*), entonces, como empiezo primero, en lugar de elegir la moneda que figura en la casilla 50, habría elegido la que figura en la casilla 1. Así, a mi rival sólo le queda una posibilidad de dos: elegir la que está en 2 o la que está en 50 (ambas pares) y eso abrirá un nuevo lugar impar para mí.

El resto es inmediato. Al final, me quedo con todas las impares y mi oponente, con las restantes.

> **Moraleja:** Al haber empezado primero, *fuerzo* a quien juega conmigo a elegir o bien todas las pares o bien todas las impares, y por eso me quedo con la mayor cantidad (o igual) de dinero posible.

¿XX, XC, CC o CX? ¿Cómo apostar? Mejor dicho, ¿cómo tomar una decisión "más educada"?

Bueno, ahora sí, sigo yo… Pero pensemos juntos: para que gane usted tienen que salir dos "cara" seguidas. Miremos las posibilidades en las primeras dos tiradas:

a) CC Gana usted.

b) CX Nadie gana… todavía, pero fíjese que usted ya no tiene más posibilidades de ganar. Yo sólo tengo que esperar a que salga cara. Cuando eso suceda, gano yo.

c) XX Nadie gana todavía, pero, lo mismo que en (b), todo lo que tengo que hacer es esperar a que salga cara. Usted ya no puede ganar.

d) XC Gané yo.

¿Entiende por qué? Es que en el caso (a), ganó usted directamente, luego de la segunda tirada. En el caso (b), como en la segunda tirada salió una *X*, *¡ya no puede ganar!* ¿Por qué? Porque, si siguen saliendo *X*, no gana ninguno de los dos, pero apenas aparezca una *C*, *¡gano yo!* O sea, *no hay nada que pueda suceder* que modifique el rumbo. Todo lo que tengo que hacer yo es esperar a que salga una *C*. En cambio, usted ya no puede aspirar a nada.

Lo mismo en el caso (c): si siguen saliendo *X* después de la segunda tirada, ninguno de los dos gana. Pero no bien salga una *C*, gano yo. Y en el último caso, directamente gano yo.

Como se advierte, entonces, tengo tres posibilidades de ganar contra sólo *una posibilidad* suya.

Entonces, lo que parecía que no ofrecía ventajas (es decir que cada uno elegía una combinación de las cuatro posibles), lo que parecía que era "igualmente probable", resulta no serlo: es más probable que aparezca lo que yo elegí que su elección. En realidad, no sólo *es más probable* sino que es *tres veces* más probable que aparezca lo que yo elegí que lo que seleccionó usted. Por lo tanto, haber apostado los 100 pesos como si tuviéramos las mismas chances resulta muy injusto para usted.

Lo que esto muestra (una vez más) es que uno, en la vida cotidiana, está constantemente expuesto a elecciones que tiene que hacer: sacar un crédito, pagar algo en cuotas, decidir qué seguro de salud usar, o para proteger un auto o una casa, o juntar "puntos" para conseguir algo "gratis", etcétera. Y lo que uno pocas veces hace es analizar las posibilidades que tiene a favor y/o en contra.

La matemática suele ayudar... no a tomar la decisión por usted, pero sí a que su decisión sea más educada.

Encontrar el número perdido

Ahora viene la parte más interesante: ¿por qué pasa lo que pasa? Como usted observó en todos los ejemplos que eligió más los que propuse yo, hay un patrón que se repite: la suma de los dígitos (luego de haber restado) es siempre un múltiplo de 9. Lo que importa es saber por qué pasa eso. Sígame con este razonamiento. Fíjese que si uno hace estas cuentas (y le pido que las haga):

1000 – 1
1000 – 10
1000 – 100
100 – 1
100 – 10
10 – 1

todos estos números *son múltiplos de 9.*

1000 – 1 = 999
1000 – 10 = 990
1000 – 100 = 900
100 – 1 = 99
100 – 10 = 90
10 – 1 = 9

O sea, uno puede *conjeturar* que, cada vez que *resta* dos potencias de 10, el resultado *es un múltiplo de 9.* Y efectivamente, esto es así. Compruebe usted que $(10^n – 10^m)$ es *siempre* un múltiplo de 9, cualesquiera sean *n* y *m.* ¿Para qué sirve esto? Es que cuando uno tiene un número de 4 dígitos, digamos:

abcd

y los permuta hasta fabricar otro número, digamos:

cadb

esto es lo mismo que tener:

$$abcd = a \cdot 1000 + b \cdot 100 + c \cdot 10 + d$$

y por otro lado,

$$cadb = c \cdot 1000 + a \cdot 100 + d \cdot 10 + b$$

Por lo tanto, cuando *reste* uno de otro, se tiene:

$$a \cdot (1000 - 100) + b \cdot (100 - 1) + c \cdot (10 - 1000) + d \cdot (1 - 10)$$

Luego, *todos* los números que figuren "entre paréntesis" son múltiplos de 9, lo que significa que *la suma* de esos números es *también un múltiplo de 9.*

En consecuencia, después de restar, cuando le pido que *elija* uno de los números (que es el que tengo que descubrir), en el momento en que usted me dice *cuáles son los otros,* todo lo que debo hacer es *fijarme cuál es el dígito que faltaría para tener un múltiplo de 9.* ¡Y eso es lo que uno hace para resolver el problema!

¿Y si en lugar de empezar con un número de 4 dígitos, hubiera empezado con uno de 5 dígitos? ¿Qué habría pasado?

¿Y si hubiera empezado con uno de 7 dígitos? ¿O de 8? ¿Y de 20?

Le propongo que –usando las mismas herramientas que figuran más arriba– se convenza de que en realidad no importa el número de dígitos. Todo funciona igual. La clave está en advertir que la diferencia entre cualquier par de potencias de 10 es siempre un múltiplo de 9.[68]

[68] Un número es divisible por 9 cuando la suma de sus dígitos lo es. Además, el 0 también es múltiplo de 9, ya que se puede escribir como 0 = 9 x 0.

Una curiosidad de la aritmética

Los números 7, 11 y 13 no fueron elegidos arbitrariamente. Lo invito a multiplicarlos entre ellos. O sea:

7 · 11 · 13 = 1.001

Fíjese que, haciendo el camino inverso (si uno empieza por el número que usted había elegido pero, en lugar de replicarlo y luego dividirlo, lo multiplica por 13, luego por 11 y finalmente por 7), se obtiene el número que había elegido ¡pero replicado! Y eso sucede porque, si observa el número que resultó de multiplicar 7 por 11 y luego por 13, es 1.001. Por lo tanto, si multiplica un número de tres dígitos por 1.001 (hágalo, aunque sea para comprobarlo) se dará cuenta de que aparece reproducido dos veces. Es decir, si uno multiplica

abc · 1.001

obtiene:

abc.abc

Con todos estos datos, ahora empecemos todo de nuevo.

Usted eligió un número de tres dígitos: *abc*. Lo replica: *abc.abc* (que es como si lo hubiera multiplicado por 1.001). Al dividirlo por 7, luego por 11 y después por 13, es como si lo hubiera dividido por 1.001. Luego, *es esperable* que obtenga el número con el que había empezado. Y eso demuestra *por qué* pasa lo que pasa.

Por último, me preguntaba más arriba si no era extraño que, cuando uno tenía el número ya replicado y lo dividía sucesivamente por 7, 11 y 13, siempre se obtuvieran divisiones exactas. La respuesta (¿quiere pensarla usted?) es que, como el número replicado es múltiplo de 1.001, ¡resulta también ser múltiplo de 7, de 11 y de 13!